国家科学技术学术著作出版基金资助出版

木竹功能材料科学技术丛书

立木危险性评价与修复技术

傅　峰　梁善庆　林兰英　著

张齐生　主审

科学出版社

北　京

内 容 简 介

本书以立木内部缺陷无损检测与评价为主题，以立木缺陷可视化无损诊断、危险性评价及修复技术为重点，系统阐述了立木缺陷诊断技术及原理、应力波断层成像数学理论及传播规律、树干内部缺陷诊断彩色二维和三维图像构建方法；探究了基于缺陷可视化诊断技术的树干危险性评价理论及模型；详细叙述了应力波断层成像技术应用于胡杨、泡桐、古树国槐和油松诊断与评价实例及树干缺陷修复技术，具有科学的理论知识和丰富的应用实例。

本书可为林业高等院校、林业科研单位、城市绿化单位及公园景区等从事木材科学与技术、森林工程、城市园林管理的研究工作人员和相关专业师生提供科学技术参考。

图书在版编目（CIP）数据

立木危险性评价与修复技术/傅峰，梁善庆，林兰英著.—北京：科学出版社，2017.6
（木竹功能材料科学技术丛书）
ISBN 978-7-03-053097-4

I. ①立… Ⅱ. ①傅… ②梁… ③林… Ⅲ. ①立木–缺陷检测
Ⅳ. ①S758.1

中国版本图书馆 CIP 数据核字(2017)第 125418 号

责任编辑：张会格 / 责任校对：李 影
责任印制：张 倩 / 封面设计：刘新新

科 学 出 版 社 出版
北京东黄城根北街 16 号
邮政编码：100717
http://www.sciencep.com
北京通州皇家印刷厂 印刷
科学出版社发行 各地新华书店经销

*

2017 年 6 月第 一 版 开本：787×1092 1/16
2017 年 6 月第一次印刷 印张：10 3/4
字数：255 000
定价：98.00 元

（如有印装质量问题，我社负责调换）

前　言

立木树干内部存在腐朽、空洞、开裂等缺陷，严重影响木材质量，从而导致利用价值降低，同时城市绿化树、古树等存在的内部缺陷使树干易于折断或倒塌，造成景观和文化上的双重损失，因此采用无损检测技术对树干内部缺陷进行诊断与评价，具有现实必要性。采用无损检测技术对立木树干缺陷诊断研究，包括射线、超声波、应力波、电阻抗、微波等方法。然而传统检测结果仅局限于数据分析，无法对树干内部缺陷进行直观诊断与评价。随着成像技术的发展，射线断层成像、超声断层成像、应力波断层成像、电阻（或电容）断层成像、雷达成像等技术逐渐被引入到立木缺陷检测中，使缺陷诊断能以二维或三维图像方式显示，不再局限于数据表达方式。

采用图像直观诊断方式对立木内部腐朽、开裂诊断研究较少，尤其是采用先进的断层成像技术对树干内部缺陷进行诊断与评价。断层成像技术的应用为缺陷诊断提供了直观的诊断依据，与传统的木材缺陷检测技术相比是一次技术的跃进。基于应力波图像重构技术诊断木材内部缺陷是近年来国际上的一个新的研究热点和攻关方向。国内许多研究院所的科研人员也在这一领域开展了广泛深入的研究，并取得了较好成果，但综合目前国内外的研究现状，该技术在应用中还存在诸多问题。本书作者从 2005 年开展树干内部缺陷诊断技术研究，主要是基于应力波无损检测技术进行理论探讨、波传播轨迹分析、缺陷图像构建、测试验证、树干缺陷诊断及危险性评价，形成了较为系统的诊断与评价技术研究体系。

由于立木内部结构的特殊性，采用无损检测技术诊断内部缺陷，需要一定的理论基础借鉴和参考，所以作者有志于撰写本书。全书共有八部分内容，第一、二章介绍了现今应用于立木无损检测技术种类，重点阐述基于应力波无损检测技术及其断层成像原理。第三章阐述应力波在木材内部传播规律及波前形态模拟，在第四章中阐述应力波断层成像技术原理及缺陷诊断方法，并在第五章分析了缺陷诊断的影响因素。第六、七章为树干危险性评价及健康状况诊断，主要对泡桐、古树国槐和油松进行树干内部缺陷诊断与评价，第八章为古树名木的修复技术。

本书的完成，感谢全书参考文献的所有作者，为本书提供翔实的资料。撰写本书，反复审核，尽量减少不妥，鉴于作者水平有限，书中不足之处在所难免，恳请读者提出宝贵意见。

作　者

2016 年 10 月 25 日

目　　录

第一章 立木无损检测技术及现状

我国 2014 年森林面积已达 2.08 亿 hm^2，森林覆盖率 21.63%，森林蓄积 151.37 亿 m^3。人工林面积 0.69 亿 hm^2，蓄积 24.83 亿 m^3，人工林面积居世界第一。但林分结构主要以纯林为主，由于树种结构单一等原因，林木重大病虫害常年暴发成灾，在天然林中由于人为干预过多，大部分天然林退化为次生林，林分抗逆和抵御能力变差，造成树干内部存在不同的缺陷。古树名木是人类历史的文化遗产，堪称"活的文物"、"国之瑰宝"。根据《全国古树名木普查建档技术规定》，古树是指树龄在 100 年以上（含 100 年）的树木，凡树龄在 500 年以上的树木为一级古树，300～499 年为二级古树。名木是指珍贵稀有的、具有重要历史文化价值、纪念意义及科研价值的树木[1]。我国是文明古国，历史上存留下来的古树名木众多，古树名木多是树龄较大的过熟林木，在漫长岁月中饱经沧桑，生势已趋衰弱。几乎所有古树名木都有不同程度的损伤，主要有枯枝腐朽、空心、断裂等，这些危害损蚀着古树名木，造成无可挽回的极大损失。世界上许多国家已开始了对古树名木[2, 3]、城市景观树的检测[4]、保护和修复等研究工作[5]，我国历史悠久、地域广阔，需要保护和修复的古树名木种类和数量众多。

无损检测，又称为非破坏性检测，是利用材料的不同物理力学或化学性质，在不破坏目标物体内部及外观结构与特性的前提下，对目标物体相关特性（如形状、位移、应力、光学特性、流体性质、力学性质等）进行测试与检验，包括对各种缺陷的测量，并由无损探伤经无损检测、定量检测、材料的无损表征进展到了无损评价。经过近 70 年的发展，无损检测技术如今已涉及木材领域的各个方面，如活立木性质检测与评价、原木分等与锯解、板材性质评价与分等、人造板及新型木基复合材料性质评价、古树名木诊断、古建筑评价等。采用无损检测技术对立木树干缺陷诊断研究包括射线、超声波、应力波、电阻抗等方法。基于应力波研发的成像技术是通过采集波传播时间根据一定的图像重构算法对树干断面进行图像重构，能直观诊断内部腐朽、开裂和空洞等缺陷情况。国外研究应用应力波断层成像技术对立木内部缺陷诊断与评价已经取得较多成果，并相继开发了仪器应用于实际检测中，但在缺陷检测中还存在检测精度不够、缺陷种类判别困难及腐朽程度不易区分等诸多问题。为此国外研究者对图像重构算法进行改进的同时采用不同的检测方式相结合来提高诊断准确性。我国在诊断立木内部缺陷研究上起步较晚，近年研究中取得了一定成果，但与德国、美国、匈牙利等掌握立木树干缺陷诊断关键技术国家还存在明显差距。传统检测结果仅局限于数据分析，无法对树干内部缺陷进行直观诊断与评价，随着成像技术的发展，射线断层成像、超声断层成像、应力波断层成像、电阻（或电容）断层成像、雷达成像等技术逐渐被引入到立木缺陷检测中，使缺陷诊断能以二维或三维图像方式显示，不再局限于数据表达方式。因此，研究能够以图像显示树干内部缺陷是林业研究者关注的热点之一。

第一节 立木内部缺陷无损检测技术

一、木材阻力仪

阻力仪（resistograph）是通过电子传感器控制钻针测量立木或木材的钻入阻抗，利用软件快捷和精确地探测木材的内部结构，如腐朽或空洞情况、材质状况、生长状况等。主要应用于行道树、公园古树和森林危险立木的检测，立木或木材腐朽和木质缺陷的发现，树木年生长率的测量，树木或木材的木质评价，木制建筑及立柱等状态检测和年轮学研究等。一般情况针孔直径为 1.5～3mm，属于微创伤检测方法。

采用阻力仪对树干内部缺陷进行诊断，根据阻力波峰的高低变化来评价木材缺陷情况，该检测方法操作简单、结果准确，适合野外立木检测使用。1996 年 Rinn 等研发阻力仪设备用于研究木材内部特性，该设备能满足立木、结构材、木质电杆等野外检测与评价工作[6]。此后，开发的阻力仪主要包括 Sibert DDD 200、RESISTOGRAPH 和 DENSITOMAT-400 三种设备及其后续改进型号，前两种设备比较类似，钻孔直径在 1.5mm 左右，钻深范围 30～150cm。DENSITOMAT-400 设备与前两种相比具有更快的钻速，但在单位长度（钻深）所记录的数据较少，其钻孔直径为 1.27mm，可钻深 20～40cm[7]。通过检测树干的力学性能与阻力仪结果比较发现，阻抗值大于树根实际强度，径向阻抗曲线与断裂强度存在差异，说明仅使用断裂强度与阻抗曲线进行对比还不能够准确数量化分析阻抗变化，但也有研究认为径向断裂韧性与阻抗曲线存在高的相关性[8]。阻力仪不仅能检测腐朽的存在，还可用于预测腐朽拓展区，然而利用阻力仪检测后在树干留下的钻孔使部分研究者认为腐朽菌易于侵入木材内部，加快木材腐朽出现和扩展。根据研究提出的疑问，2006 年 Werber 对 3 种树种被阻力仪检测 8～10 年后遗留钻孔是否造成木材腐朽菌加快进入木材内部做了详细研究分析。结果发现树干内部腐朽菌有部分进入钻孔内部，但由于木材自愈作用使腐朽菌进入程度不深，没有对木材引起更严重的腐朽，此外也发现外部腐朽菌并未进入钻孔内部，说明阻力仪可用于立木内部缺陷检测，尽管属于微创伤检测方式，但是所留下的钻孔对立木健康无危害。

为了了解和验证木材腐朽检测结果的准确性，部分研究者对阻力仪的阻抗曲线与木材密度相关性进行对比分析，在研究橡树和榆树阻抗曲线和密度间关系中发现，健康材橡树阻抗钻深与密度符合程度为 85.5%，榆树为 100%[9]。由于阻抗曲线与密度变化具有高度相关性，用于检测木材腐朽可提供准确的评价结果。在阻抗曲线振幅与密度存在相关性研究中，同一家系火炬松的研究结果认为阻抗曲线振幅与密度存在密切相关，家系间相关系数达 0.92，说明阻力仪能够快速评价树木家系中密度值，据此选择树木进行改良培养[10]。在仪器开发方面，德国 IML 根据树干直径大小主要生产 3 种型号阻力仪，分别为 IML-RESISTOGRAPH F300S/400S/500S。德国 Rinntech 公司生产的阻力仪分别为 RESISTOGRAPH® 4303-P /4453-P/ 4453-S 3 种型号（图 1-1 和图 1-2）。

图 1-1　德国 F400S 型和德国 RESISTOGRAPH®阻力仪

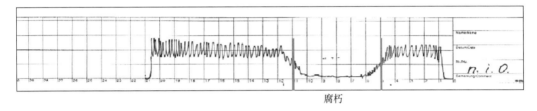

腐朽

图 1-2　阻力仪检测结果示意图

二、超声波无损检测技术

超声计算机断层成像技术（ultrasonic-computed tomography）始于 20 世纪 70 年代后期，这一技术的早期完全是模仿 X 射线断层成像技术，即假设超声波和 X 射线一样，在物体内部是直线传播的，然后利用发射器到接收器之间的时间延迟或振幅衰减来重构物体内部的声速（折射系数）或吸收特性参数[11]。木材的变异性、各向异性和非均质性增加了信号提取、识别、图像重构准确性的难度，使超声断层成像运用到木材检测成为一个具有挑战性的研究领域。声波在树干断面传播规律以及声波与树干模型成像原理的研究给木材研究者提供基础数据，通过波速检测或使用声波信号可对木材腐朽进行检测与评价。

1999 年超声波断层成像技术被用于木材缺陷检测中[12]，研究人员把 Prony 演算和傅里叶变换方法成功应用于低频率脉冲震动条件下立木腐朽诊断研究中，并使用多传感器检测冷杉立木内部腐朽。在引入模态分析结合离散傅里叶转换方法对木材声波共振频率进行分析发现，频谱均趋于正弦曲线，在健康立木中通过敲击共振获得相同的频谱结果，然而腐朽立木时域低于健康立木且频谱随腐朽程度不同存在差异。但研究认为健康立木分析结果还存在较大的离散性，使健康与腐朽立木时域部分重叠，因此还需引入更多的参数去进一步区分健康与腐朽立木[13]。采用超声波断层成像技术对城市景观树进行检测，依据成像结果对树干内部缺陷进行可视化识别，对立木的危险性及稳定性进行了评价，研究认为木材的机械性能可以使用声波层析成像技术准确定位立木腐朽部位、判断其面积大小和形状，同时发现传感器与树干部位的连接、木材各向异性、声波衰减和传感器空间分布都对检测结果产生影响[14]。对受白腐菌感染的立木进行检测，结果表明，通过使用频率为 1MHz 的传感器接收检测信号能够取得立木内部腐朽二维和三维图像。

尽管超声波断层成像能够对立木缺陷有效诊断，但其影响因素较多导致结果不确定性以及缺陷信息分辨率低等[15]。在研究健康与缺陷木材内部超声波传播规律以及木材纹理、波形对检测结果的影响基础上，采用 1MHz 传感器对树干内部不同方向超声波传播时间重构二维图像方法进行研究，尝试使用不同频率超声波来重构缺陷图像[16]。超声波在木材内部传播涉及声波的折射、散射和衰减问题，为了发展简单有效的声波成像重构运算方法，通过收集超声波在木材传播过程中声阻抗、声速和衰减作为重构参数对木材内部缺陷成像分析，以线性理论作为变换所取得图像的效果不明显，建议使用非线性理论对声波参数进行重构变换[17]，超声波断层成像检测木材腐朽及断层图像如图 1-3 所示。

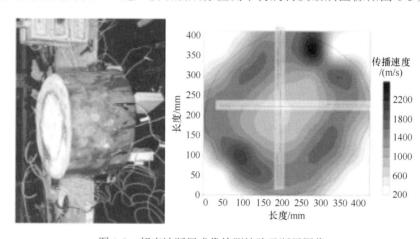

图 1-3   超声波断层成像检测缺陷及断层图像

国外研究者对超声波断层成像技术在立木内部检测中的研究不断深入，从波速与缺陷关系到成像算法改进，不断积累立木检测基础数据和可视化方法。应用范围有人工林、城市景观树、大径级原木及古建筑，在研究的同时不断改善和提高该技术的准确性。

采用声波对木材内部腐朽或空洞的研究与评价研究已经得到我国林业研究人员的关注。在超声波技术检测研究方面，研究人员使用 HSC-4 型超声波检测仪对大兴安岭采伐的针叶材进行检测，发现声速、振幅、频率能够反映木材内部缺陷存在部位，认为木材密度、孔洞大小及数量对超声波和应力波的传播参数和动态弹性模量都有一定的影响，两种波都可用来判断木材内部缺陷和对木材性质进行评价。但是，通过对比研究发现，超声波和应力波在对木材内部缺陷检测时，两种波检测的灵敏度和准确度存在差异[18, 19]。超声波检测探头的直径、使用的频率以及耦合剂对木材缺陷检测准确性都具有显著影响，同时研究认为缩小超声探头直径和选用适当频率的超声探头可提高对缺陷检测的准确性，使用橡胶垫作为耦合剂在检测中能取得良好效果。超声波功率谱在不同孔径空洞的木材试件中谱峰位置和谱峰高度与木材空洞大小之间存在相关关系。对于超声波的传播而言，木材与相邻空洞之间的声阻抗差异不同，从而导致超声波的散射情况不尽相同，并出现不同情况的干涉，通过分析超声功率谱变化情况可以实现对木材内部空洞缺陷无损检测[20]。使用多通道超声波断面影响技术，评价柳杉内部不同大小空洞，探讨不同路径波速和相对速度损失率与空洞直径间的关系，结果显示径向方向空洞直径残余比值与波速有高度相关性，决定系数可达 0.94。多通道超声波断面影像技术评估人造孔洞发现在孔洞与断面比值为 2.7%以上时，都能显示出孔洞的位置和腐朽程度[21]。

如何改进成像结果，与实际树木断面缺陷情况更趋于一致是现今研究者努力的方向，通过研究木材断面性质来分析波速变化或对比成像结果已开展研究。木材内部腐朽后使密度或硬度值变化，声波在断面传播时间的快慢与密度存在关系，但与硬度值关系不明显，在成像与木材性质之间建立相关性还需深入研究。

三、电阻断层成像技术

20 世纪 80 年代中期形成和发展起来的电阻断层成像技术属于过程层析技术的一种，是以两相流或多相流为主要对象的过程参数二维或三维分布状况的在线实时监测技术。电阻断层成像技术（electrical resistance tomography，ERT）是电阻抗断层成像技术（electrical impedance tomography，EIT）的一种简化[22]。ERT 技术的物理基础是不同的电介质具有不同的电导率分布，判断出场内的电导率分布便可知电介质的分布情况，其图像重构是由测量到的边界电压重构出对象内部电阻率分布的过程，是最终实现 ERT 技术可视化测量的过程。目前，主要是二维图像重构，但是已经出现了三维的图像重构算法。对于三维 ERT 的成像，由于涉及更多的测量和更大的灵敏度矩阵，因此在成像模型和成像算法的选择上更具有挑战性。

ERT 技术与传统的过程参数检测方法相比具有诸多突出优点[23]。

（1）能提供在线连续的二维或三维可视化信息。

（2）可提取大量被测对象的特征参数。

（3）多点、界面分布式、非侵入式、无放射性测量，不破坏、不干扰物场。

（4）结构简单，成本低。

采用电阻仪对立木缺陷研究可追溯至 1972 年，电阻仪检测立木变色和腐朽发现脉冲电流与立木内部含水率和矿物成分间存在相关性，在纤维饱和点之下，木材阻抗主要与含水率有关，而在纤维饱和点之上，阻抗主要与钾和钙离子浓度有关。1974 年 Shigo 采用 Shigometer 设备对树干内部腐朽进行研究，Shigometer 设备的钻条为两条外包绝缘体的铜线缠在一起，直径 2.4mm，设备还包括安培显示计。当钻条进入木材内部后，由于木材内部腐朽导致电阻变化，通过显示仪记录阻抗大小来对腐朽情况进行判断。木材变色或腐朽后引起电阻变化，但由于腐朽情况复杂且腐朽种类不一致增加了研究的困难性，木材腐朽前与腐朽后电阻间的变化程度和相关性是识别立木内部腐朽的关键，通过研究健康材与腐朽材阻抗变化情况能够对腐朽是否存在及腐朽程度进行诊断[24]。

木材腐朽影响了木材内部含水率和密度的变化从而改变了木材的电阻性质，因此电阻被认为是能够检测木材腐朽的参数之一。据此通过实验室与野外实验相结合采用多电极检测方法检测木材腐朽，研究发现电阻断层成像能够对立木腐朽定位，但也存在缺点，如电极接触点连接不稳定影响结果稳定性，电极位置需要准确地连接。对于接触点的不稳定性可通过检测电容率来代替电阻率，然而电容敏感程度低于电阻，为了克服这些缺点可找其他功耗因素作为参数并提高仪器的硬件和软件条件。把四点阻抗法应用于立木腐朽检测中，当低频交流电通过树干时测量检测点间的感应电压变化，并计算通过树干区域有效电阻率来对内部缺陷进行评价，通过四点阻抗法检测 300 多株云杉立木内部腐朽结果认为此方法能够对立木腐朽准确评价。其计算公式如下[25]：

$$\rho = \frac{\Delta VA}{Il}$$

式中，ρ 为有效电阻率；ΔV 为电压差异值；I 为电流；l 为检测点间距离；A 为电流通过树干的断面面积。

然而研究者同时指出四点阻抗法不能提供腐朽部位、大小、形状信息，为了实现腐朽检测结果的可视化，ERT 被引入到立木缺陷识别研究与应用中。德国 Argus Electronic GmbH 生产了电阻树木断面画像装置（PiCUS TreeTronic）能够通过彩色二维图像显示树干内部缺陷信息，成像方法与其他断层成像技术类似，但使用的是电阻值来进行图像重构（图 1-4）。采用多频复电阻率法（complex resistivity，CR）测量立木内部电阻率变化情况，使用频域范围在 1kHz 到 1MHz 对比纵向、径向和弦向电阻变化情况，分析不同频率范围与木材各向异性间的关系，发现纵向电阻值低于径向和弦向，木材的各向异性不仅影响电阻值，也对相位存在影响。在研究电阻在木材内部变化情况基础上，进一步通过计算机可视化对立木内部缺陷进行图像重构，取得了良好效果[26]。多频复电阻率仪装置见图 1-5。

图 1-4 德国 Argus Electronic GmbH 生产的电阻树木断面画像装置

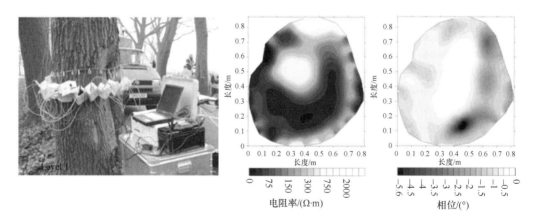

图 1-5 德国 BAM 生产的多频复电阻率仪

四、地质雷达检测技术

地质雷达或探地雷达（ground penetration radar，GPR）是一种用于地表下结构和埋设物探测的高分辨率表层穿透雷达。它利用电磁波对地表或建筑物的穿透能力，从地表向地下发射某种形式的电磁波，电磁波在地下介质特性变化的界面发生反射，通过接收反射回波信号，根据时延、形状及其频谱特性等参数解释目标深度、介质结构及性质。在对回波数据处理的基础上，应用数字图像的恢复与重构技术，对目标进行成像处理，从而达到对目标真实和直观的重现。探地雷达技术在国外起步较早。1904 年德国人 Hulsmeye 首次尝试用电磁波信号来探测远距离地面物体。1910 年，Leimbach 和 Lowy 在德国申请了利用电磁波来探测埋藏物体方法的专利。1926 年，Hulsenbech 指出介电常数不同的介质交界面会产生电磁波反射，该结论成为探地雷达研究领域内的一条基本理论根据。20 世纪 70 年代以来，由于高速脉冲形成技术、取样接收技术及计算机技术的飞速发展，探地雷达技术得到迅速发展。

在立木检测研究中，由于地质雷达电磁波对木材的电导和电容性质较为灵敏，研究者把该技术应用到立木树根及树干内部状态检测研究。雷达波在健康树干断面传播没有形成反射波，当腐朽或空洞存在时雷达波遇到腐朽区域时被反射，雷达波在树干内部传播情况如图 1-6 所示。1989 年 Miller 等研究使用单天线（频率 1500MHz）对立木缺陷研究，2002 年 Mucciardi 申请了采用雷达信号检测立木内部腐朽的专利，使用频率在 500～1500MHz 采集通过立木的脉冲雷达信号进行傅里叶变换后对内部腐朽进行评价。采用频率 1500MHz 能够检测埋地深 50cm 直径为 0.5cm 的树根状况[27]。由于 GPR 检测具有好的重复性以及结合图像重构技术，树根内部结构图像可提供定性和定量分析，除能够完成立木树干内部缺陷诊断外，对地下部分木材缺陷也能够检测[28, 29]。

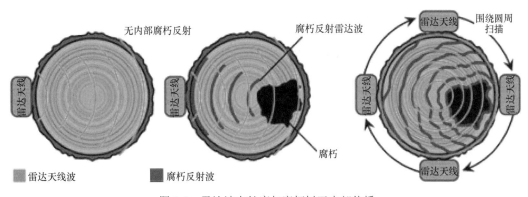

图 1-6　雷达波在健康与腐朽树干内部传播

根据树干和树根检测部位不同，研发的相应仪器主要有美国的 Tru System 树木雷达检测仪（图 1-7）和 GSSI 探地雷达树根三维成像仪（图 1-8），能够探测树干内部缺陷及地下树根分布和缺陷状态。

五、应力波无损检测技术

应力波从 20 世纪 50 年代就应用于木材性能评价中，由于应力波在木材中传播时若遇到腐朽、空洞、裂纹等界面不连续处就会发生反射、折射、散射和模式转换，因此具有对缺陷高度的敏感性。采用应力波检测立木缺陷主要分为两种检测方式。一是采用单

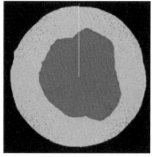

图 1-7　美国 Tru System 树木雷达检测仪及缺陷评价图

图 1-8　美国 GSSI 探地雷达树根三维成像仪及评价图

路径检测方式，使用激发和接收两个传感器检测应力波传播时间，通过传播时间或波速变化对木材缺陷进行诊断。通过大量工作及数据积累，研究者总结了单路径快速检测立木腐朽的经验公式、原理及现有设备。除了总结经验公式及介绍现有设备外，在立木性质评价中开发出新的检测仪器，如 ST300 检测仪。二是采用多路径检测方式。经过对应力波在木材中传播机制以及声波与立木性质的相关关系的大量研究，开发了应力波断层成像检测技术，此技术主要应用于立木、原木和大结构材缺陷检测与评价，能够检测木材内部开裂、空洞、腐朽等缺陷。通过采集应力波在木材内部断面不同方向的传播时间，经矩阵计算、重构把数据转换成图像形式，提供木材内部断面二维或三维图像直观地显示内部缺陷情况，应力波断层成像技术在美国、德国、匈牙利等国家已经得到研究和应用。

　　由于单路径检测方式存在检测区域小，缺陷位置、大小、程度等信息无法获得等缺点，国外研究人员在 1998 年开发应力波断层成像检测设备，用于立木内部缺陷可视化诊断，但使用不同数量传感器检测立木内部腐朽所得图像与实际缺陷存在差别，采用健康材应力波传播速度作为参考波速时，需考虑不同传播方向波速大小的区别。使用应力波断层成像技术对城市景观树的开裂、腐朽和空洞进行研究，结果表明，此项技术能够快速地对树干缺陷进行有效判断，然而传感器的安装位置不准确，检测结果偏差会增大。在研究和讨论应力波断面成像技术的原理及计算方法上，通过研究人工模拟圆盘空洞的大小结果，认为图像质量受设备频率、传感器数量和数据矩阵变换方法的影响，当使用传感器为 32 个，波长为 5mm 时，能够准确检测直径为 25mm 的圆形空洞[30]。断层成像最后使用彩色图像对缺陷进行识别，不同颜色代表木材区域波速传播情况，同一树干断面健康与腐朽间过渡程度越明显，图像颜色越能准确区分，对于腐朽诊断图像颜色变化的判断至关重要。研究发现断层图像颜色的分布与断面密度图像分布存在密切相关性，木材含水率与图像准确性也存在相关性。除了在实验应用中研究和改进检测结果外，部分研究者通过引入非线性传播理论来改进应力波断层成像结果。

应力波技术在木材中的应用发展至今，研究者根据不同需要研究和生产了许多种类的检测仪器，如 Fibre-gen ST300、Fakopp TreeSonic、TreeSonic Tude、Fakopp Resonance Log Grader（RLG）、Fibre-gen HM200、Sylvatest Ultrasonic 等。这些仪器主要用于原木或立木材性的评价，具有方便快捷、成本低、实用性强等特点。应力波断层成像技术在国外应用范围较广，包括天然林、人工林、珍贵树种、古树等。该技术使立木内部缺陷诊断实现了可视化，但缺陷可视化还面临许多问题，如检测结果与实际缺陷面积还存在误差、开裂大小的定位不准确、小面积腐朽和早期腐朽难识别等。为提高检测准确性，除改进仪器的软件和硬件、减少检测影响因子外，可与其他检测技术相结合来提高结果准确性。例如，使用目视观测法、应力波断层成像检测和树木阻力仪相结合对红松立木内部腐朽进行评价取得了良好效果。

现今投入市场的应力波断层成像设备主要有 3 种产品。

（1）德国 Argus Electronic GmbH 生产的应力波树木断层成像诊断装置（PiCUS Sonic Tomography），该装置配备 12～24 个传感器，通过敲击锤激发应力波在树干内部传播，接收传感器接收传播时间，并通过矩阵转换和图像重构最终以图像形式显示树干内部缺陷状态（图 1-9）。

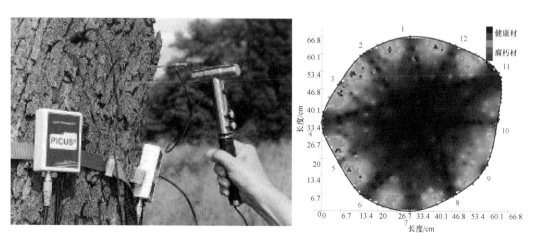

图 1-9 德国 Argus Electronic GmbH 应力波树木断层成像诊断装置

（2）德国 Rinntech 公司开发的 ARBOTOM®脉冲式树木断层成像仪，是一款新型的脉冲式树木断层成像仪，利用多功能传感器发送并接收应力波信号，通过图像重构把受损或者空洞部分通过图像显示出来。可测量树木内部腐朽、空洞和开裂等，此外可通过 Arboradix 模块探测受损树根状态（图 1-10）。

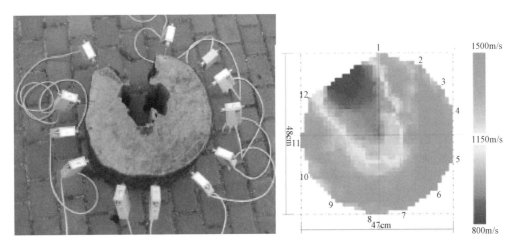

图 1-10 德国 ARBOTOM®脉冲式树木断层成像仪

（3）匈牙利 Fakopp 公司生产的 Fakopp 2D 应力波检测仪（Fakopp Acoustic Tomograph），与 PiCUS Sonic Tomography 和 ARBOTOM®原理类似，配备多通道传感器能够对内部缺陷进行二维和三维诊断，适用于立木检测工作（图 1-11）。

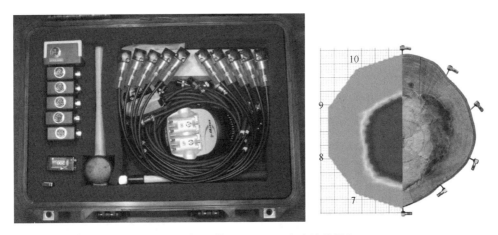

图 1-11 匈牙利 Fakopp 2D 应力波检测仪

第二节 应力波无损检测技术原理及现状

一、应力波基础理论概述

应力和应变扰动的传播形式,在可变形固体介质中机械扰动表现为质点速度变化和相应的应力、应变状态变化。应力、应变状态的变化以波的方式传播,称为应力波。通常将扰动区域与未扰动区域的界面称为波阵面,波阵面的传播速度称为波速。地震波、固体中的声波和超声波等都是常见的应力波。应力波的研究同地震、爆炸和高速碰撞等动载荷条件下的各种实际问题密切相关。在运动参量不随时间变化的静载荷条件下，可以忽略介质微元体的惯性力。但在运动参量随时间发生显著变化的动载荷条件下，介质中各个微元体处于随时间变化而变化着的动态过程中，特别是在爆炸或高速碰撞条件下，载荷可在极短历时（毫秒、微秒甚至纳秒量级）内达到很高数值（10^{10} Pa、10^{11} Pa 甚至 10^{12} Pa 量级），应变率高达 $10^2 \sim 10^7$/s 量级，对于常见材料应力波波速为 $10^2 \sim 10^3$ m/s 量级[20]，因此常需涉及介质微元体的惯性力，由此产生对应力波传播的研究。对于一切具有惯性的可变形介质，当应力波传过物体所需的时间内外载荷发生显著变化的情况下，介质的运动过程总是一个应力波传播、反射和相互作用的过程，这个过程的特点主要取决于材料的特性。当敲击所产生的应力在材料中传播时，通常形成 3 种波即纵波（longitudinal wave，compressional wave or P-wave）、剪切波（S-wave）和瑞利波（Rayleigh wave）。其中，纵波又称为胀缩波，也称为初波或 P 波，它的传播方向同质点振动方向一致。对于应力波初等理论，设杆的运动过程中横截面仍保持平面且横截面上的应力均与质点运动同一方向，并且忽略截面的变形。设杆的截面面积为 A，密度为 ρ，考虑杆的微元，其受力状况如图 1-12 所示。

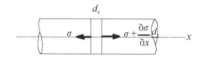

图 1-12　力在杆截面传播状况示意图

根据牛顿第二定律得

$$\rho A d_x \frac{\partial^2 u}{\partial t^2} = (\sigma + \frac{\partial \sigma}{\partial x} - \sigma) A \tag{1-1}$$

由胡克定律得

$$\sigma = E \frac{\partial u}{\partial x} \tag{1-2}$$

把式（1-2）代入式（1-1）得

$$\frac{\partial^2 u}{\partial t^2} = c_0^2 \frac{\sigma^2 u}{\partial x^2} \tag{1-3}$$

式（1-3）中，$c_0 = \sqrt{\frac{E}{\rho}}$ 为波速，由 Navier 方程：$(\lambda + \mu)e_j + \mu \nabla^2 u_i + F_i = 0$ 出发，利用 d'Alembert 原理，设 $F_i = -\rho \frac{\partial^2 u_i}{\partial t^2}$，式（1-3）方程成为

$$(\lambda + \mu)e_j + \mu \nabla^2 u_i = \rho \frac{\partial^2 u_i}{\partial t^2} \tag{1-4}$$

对于纵波，设 $u_1 = A \sin \frac{2\pi}{l}(x \pm ct)$，$u_2 = 0$，$u_3 = 0$

$$c = c_L = \sqrt{\frac{\lambda + 2\mu}{\rho}} = \sqrt{\frac{(1-v)E}{(1-v)(1-2v)\rho}} \tag{1-5}$$

式（1-5）为纵波在各向同性无限长杆波速方程，该式表明纵波以速度 c 在杆中传播，波

速取决于材料的弹性模量和泊松比两个弹性参数以及材料的密度。

波速方程直接用于木材检测均受到木材各向异性以及木材自身结构的影响，如心边材、早晚材、树种等。对于活立木检测，波速方程泊松比需要参照波速与弹性模量之间的关系，图1-13展示了泊松比对纵波的影响[31]。

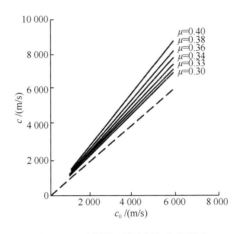

图1-13 泊松比对纵波波速的影响

图1-13中纵波波速逐渐高于c_0，泊松比增加波速偏离c_0增大，如波速与c_0比率为1.16时，泊松比为0.30；波速比率为1.46时，泊松比增加到0.40。对于气干木材泊松比现在还未能确定。Bodig和Goodman曾对烘干材泊松比进行了研究，发现泊松比随木材的种类及产地变化而变化，但通过统计分析认为木材泊松比不随木材密度和解剖构造的改变而改变，因此提出阔叶材与针叶材的平均泊松比为0.37，即相当于1.33倍一维情况下的纵波波速，并得到了相关研究结果的证实[32]。

二、国外研究现状

木材缺陷是指降低木材及其制品商品价值和使用价值的总称，是影响木材质量和等级的重要因素，也是木材检验的主要指标之一。波在木材中传播速度的变化能够反映出木材内部缺陷情况，对于使用应力波对木材缺陷检测林业研究者同样也做了大量研究工作。Bulleit和Falk采用有限元法探讨使用应力波在径向方向上的传播时间来诊断木材立柱内部缺陷，并建立了相关判别模型，所建立的模型能够对木材内部腐朽和开裂进行初步判断，但无法对小的缺陷如空洞、节子、细小开裂进行有效区分[33]。有研究采用应力波在板材缺陷中传播进行了研究，结果发现存在缺陷的木材传播时间比无缺陷要快，通过传播时间的明显差异可以对缺陷情况进行判断，但缺陷种类、大小、树种等因子都对传播时间有影响。Schad等对红橡树枕木内部缺陷检测，认为可以用应力波传播速度大小来判断枕木内部缺陷情况，对木材内部是否存在节子、腐朽、空洞等缺陷作出有效判断，然而由于使用的是波速值，仅能进行数量上的判别，而无法判断腐朽出现的位置[34]。Ross等对144根松树木桩进行检测，根据波速与木桩腐朽程度情况的分析和判别，得出传播速度与腐朽程度的相关关系[35]。日本Yamamoto等对马占相思立木进行应力波检测表明，健康立木的应力波波速比存在空洞的立木要高，在检测结果中马占相思健康立木波速范围在 928～1259m/s，空洞立木的波速范围在 357～876m/s，通过对波速变化的检测，能对立木内部是否存在空洞作出判断[36]。应力波在木制桥梁性质检测中也发挥了很大作用，特别是对桥梁各部位腐朽情况的诊断，根据波速传播与腐朽的相关关系，木制桥梁得以快速检测和评价。

应力波在木材中传播是一种动态过程，与木材的物理和机械性有直接关系。通常应力波在健康材的传播速度比在腐朽或存在缺陷的木材中传播速度要快，通过测量立木树干径向应力波传播时间能够对健康材和腐朽材进行较准确的判断。当使用两个传感器检测时，在健康材中敲击产生的应力波在木材内部以径向（基线）形式向另一接收端传播，如图 1-14 所示，如果传播过程中遇到腐朽等缺陷，应力波将沿缺陷边缘进行传播，此时所需要的传播时间比在健康材中多。

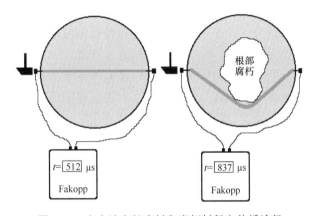

图 1-14　应力波在健康材和腐朽材径向传播途径

根据应力波在健康材与腐朽材中的传播原理，总结了应力波检测活立木腐朽的方法、原理及现有设备的详细信息及应用情况，给出应力波在针叶材中沿径向单位长度传播时间为 1000μs/m，阔叶材径向单位长度传播时间为 670μs/m，并给出了判断健康材与非健康材应力波传播时间计算公式[37]：

$$T_0 = 1000D \quad （针叶材） \tag{1-6}$$

$$T_0 = 670D \quad （阔叶材） \tag{1-7}$$

式中，T_0 为沿径向传播时间（μs）；D 为树干直径（m）。

如果检测传播时间低于相对应材种的判定值，即为健康材，反之为腐朽材或不健全材。应力波在木材内部传播速度还可以用于对原木力学性质进行预测，通过波速的大小对原木内部情况进行判断，从而达到对原木进行分等的目的，在检测立木内部腐朽研究中，研究者对在检测中出现的问题进行详细分析，为立木内部情况的检测与诊断提供了技术参考。采用新开发应力波无损检测设备 ST300 对 5 个树种共 352 株立木进行检测，结果认为 ST300 设备检测结果经过校正后能够对立木性质进行有效评价[31]。在使用 Metriguard 239A、Sylvatest Duo、Fakopp Microsecond Timer 和 IML Electronic Hammer 4 种应力波设备对木制桥梁状况进行评价，4 种设备所检测出的腐朽值及变异程度有所差别，特别是采用直接表面接触方式检测时 Sylvatest Duo 和 Metriguard 239A 变异性大，无法对腐朽情况作出有效判断。然而，如果采用钻孔接触方式 Sylvatest Duo 与 Fakopp 一样能进行有效判断[38]。

木材缺陷前期研究主要是通过检测波速的大小来对木材内部情况进行分析判断,研究波速与木材缺陷相关关系以及相关模型的建立,最终对缺陷进行诊断,是应力波技术在木材缺陷应用中的关键环节。经过多年的研究和发展,研究者不断引入更先进的检测方式,在对木材缺陷诊断中不只局限于数据的分析和诊断,而是寻求更直观、更快捷的诊断与评价技术。

为使木材内部缺陷能通过图像直观显示,断层成像技术被引入到应力波无损检测技术中,开发应力波断层成像技术。断层成像技术可以应用多种能量波和粒子束,如X射线、电子、中子、质子、红外线、射频波、超声波等。声波断层成像方法是地球物理勘探技术、数字计算技术、计算机图形技术相结合的产物,它是利用声波仪在物体外部测量得到的物理场量,通过特殊的数字处理技术,重现物体内部物性或状态参数的分布图像。经过对应力波在木材传播中的机制以及应力波与立木性质相关关系的大量研究,在这些研究成果的基础上研究并开发了应力波断层成像检测技术,此技术主要应用于活立木、原木和大结构材检测与评价,能够检测木材内部开裂、中空、腐朽等缺陷。通过测量应力波在木材内部断面不同方向的传播时间,经矩阵计算、重构把数据转换成图像,提供木材内部断面二维或三维图像直观地显示木材内部缺陷情况。应力波断层成像技术在美国、德国、匈牙利等国家已经有相关的研究与应用。

基于应力波的断层成像技术是一种新的无损检测方法,能够检测木材内部开裂、腐朽和空洞等缺陷。该技术使用不同数量的传感器,当敲击其中一个传感器时,其余传感器同时收集应力波在树干断面不同方向的传播时间,通过所检测时间得出传播速度后再进行矩阵变换、图像重构,最终以二维或三维图像方式直观地显示木材内部缺陷情况。该技术作为一种新的无损检测方法在国外已经得到了研究和应用,这也是目前许多国家对立木进行检测评价所采用的重要技术之一。

众所周知,木材属于各向异性生物质材料,把应力波断层成像技术应用到木材研究中对于林业研究人员来说是一个挑战。1999年Axmon和Hansson通过对应力波在树干断面的传播途径以及应力波与树干模型成像原理研究探讨了使用声波信号对立木腐朽进行检测与评价[39]。2000年采用应力波断层成像对城市景观树进行了检测,对树的危险性及稳定性进行了评价,取得了初步结果[40]。使用不同数量传感器检测立木内部腐朽所得结果图像准确率存在差别,当检测点为4个、5个、6个、7个、8个时,最小能检测腐朽面积大小值分别为8%、6%、3%、4%、1%,认为采用健康材应力波传播速度作为参考波速时,应考虑不同传播方向波速大小的区别,传播器的布置及检测准确性如图1-15所示[41]。

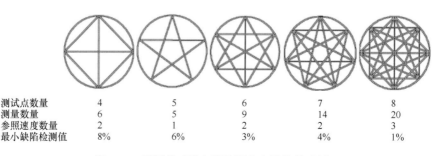

测试点数量	4	5	6	7	8
测量数量	6	5	9	14	20
参照速度数量	2	1	2	2	3
最小缺陷检测值	8%	6%	3%	4%	1%

图1-15 不同传感器布置检测应力波传播时间

　　Steffen Rust 使用应力波断层成像技术对城市景观树的开裂、腐朽和空洞进行了研究，结果表明此项技术能够快速地对景观树内部情况进行有效判断，并指出传感器的安装位置不准确，检测结果偏差会增大[42]。Nicolotti 采用超声波成像技术检测了城市景观树的内部腐朽情况，认为根据木材的机械性能可以使用声波断层成像技术准确定位立木腐朽部位、判断其面积大小和形状；同时发现传感器与树干连接部位、木材各向异性、声波衰减和传感器空间分布都会对检测结果产生影响[14]。Bucur 详细研究了采用超声波对木材内部缺陷成像的方法，并取得了一定成果，但仅局限于圆盘检测，并未对立木进行详细研究[43]。Martinis 等对受白腐菌感染的立木进行了检测。结果表明，通过使用频率为 1MHz 的传感器接收检测信号能够取得立木内部腐朽二维和三维图像[44]。Glibert 和 Smiley 研究了 13 株立木 27 个断面，发现检测结果与真实腐朽的相关系数达到 0.94，检测腐朽错误率为 2%，在全部样本中，腐朽检测准确率达到 89%，但发现图像边缘部分质量显著低于树干内部，主要原因是边缘部分为曲面形状，当检测传播速度时边缘部分木材缺少以直线传播的数据[45]。Divos 和 Divos 研究和讨论了应力波断面成像技术的原理及计算方法，通过研究人工模拟圆盘空洞的大小，认为图像质量主要受设备频率、传感器数量和数据矩阵变换方法的影响，当使用传感器为 32 个，波长为 5mm 时，能够准确检测直径为 25mm 的圆形空洞[30]。Wang 使用 8 个传感器的应力波成像技术对原木的初期腐朽进行评价，结果发现在全部检测样木数量中有 62% 的内部腐朽被准确检测，有 8.5% 的健康材被错误检测为腐朽材。研究认为尽管采用 8 个传感器检测的准确率偏低，但对于检测木材初期腐朽特别是用于野外检测，此技术仍具有很大的发展潜力[46]。

　　国外研究者对应力波断层成像技术在活立木内部检测中的研究不断深入，应用范围有人工林、城市景观树、大径级原木以及古建筑，该技术的准确性也得到不断改善和提高。

三、国内研究现状

　　对于采用应力波检测木材缺陷的研究，根据波动学理论中的反射和透射原理，从传播方向与界面垂直和不垂直两个方面得出界面两侧位移、速度、应力、应变的关系式。在此基础上，建立传播方向与界面垂直情况下的应力波沿原木径向或弦向传播的位移、速度、应力和应变方程。同时，通过人工挖孔方式研究了应力波传播时间与孔径大小的关系，结果表明传播时间与孔径大小、数量呈正相关关系，而应力波传播速度与孔径大小、数量呈负相关关系，端部孔洞对应力波传播参数影响不显著[47]。研究人员开展了多路径超音波断面成像技术评估柳杉人造孔洞来模拟不同心腐程度，探讨孔洞直径残余比值与波速的相关性，发现在孔洞与断面比值为 2.7% 以上时，都能显示出孔洞的位置和腐朽程度[48]。使用 Sylvatest 超声波检测仪、Resistograph 密度阻抗图谱仪及 ARBOTOM 检测仪对柳杉立木内部缺陷进行了评价，说明 3 种仪器都能够检测木材内部缺陷情况，同时发现，采用应力波检测立木内部缺陷是可行的[49]。在断层检测技术应用研究方面，2005 年 ARBOTOM® 被作为评估木材内部材质的无损检测系统，对于木材内部腐朽、空洞及其他缺陷可利用彩色图像形式显示。研究发现季节变化对应力波检测结果存在影响，冬天波速最快，其次是秋天，夏天最慢，但统计表明三者无显著性差异，而且应力波断层检测技术对于腐朽检测具很好的诊断效果。对香杉立木的孔洞、腐朽及缺陷研究结果显示，使用应力波能够定位立木断面缺陷位置和大小，通过对比木材断面和影像观察应力波波速降低和颜色变化来评估木材的缺陷。通过阐述应力波的产生、传播途径和成像原理，总结成像技术在应用中出现的问题，对红松和黑樱桃立木进行检测，结果表明应力波断层成像技术能够准确模拟出不规则树干形状并以二维图像方式直观地显示立木腐朽部位、程度、大小及形状等情况。基于此方法发展的设备，具有检测方便、准确和实用性强等特点[50]。同时以古树名木为研究对象，深入研究了应力波在木材断面传播规律，模拟了健康、空洞、开裂和腐朽树干断面波前传播，通过克里格插值法构建了波前三维图像。在影响因子上，探讨了含水率、传感器数量与分布对成像结果的影响以及硬度二维彩色图像与应力波断层图像的相关性。并在把树干强度损失率模型引入断层成像结果基础上，对古树名木危险性进行评价，分析了声波频率、摆锤冲击力、测试环境温度、传感器数量和空间变化以及木材特性等因子对应力波断面成像质量和检测准确性的影响，探讨 SIRT 和 ART 两种图像重构方法的优劣。在信号分析中，引入小波分析方法对木材信号特征量进行提取，结合人工神经网络对腐朽进行识别研究[51-53]。

在仪器设备开发上，中国林业科学研究院、东北林业大学、浙江农林大学相继开发拥有自主知识产权的多通道应力波检测设备，但硬件和软件与国外相比还存在差距，开发的设备处于推广阶段。

第三节　立木无损检测问题及趋势

立木内部缺陷检测现今已能实现定量与定性分析，采用的方法包括树木阻力仪、超声波断层成像、应力波断层成像、电阻断层成像等技术。这些技术均在立木检测中取得一定效果，并且部分仪器在实际应用中逐渐推广，其中在立木树干内部缺陷检测中应用最为成功的是应力波断层成像检测技术，在欧洲、大洋洲和美国、日本、中国等地区和国家正在研究和应用。然而，由于木材是天然、各向异性以及非均质的材料，缺陷的存在增加了检测难度，使检测结果出现不准确性，实际应用中往往发生误判等许多问题需要研究和解决，立木检测发展趋势主要归纳有以下 4 个方面。

（1）超声波、应力波对早期腐朽木材成像诊断无明显效果，电阻断层成像对早期腐朽的诊断具有潜在优势，但是电阻断层成像技术在信息提取、成像算法、准确性影响等方面研究不足且木材的各向异性使电阻差异较大，此外低频和较高的电极敏感性也增加了检测难度。因此，在立木检测中除了改进成像算法外，需研究采用两种或多种检测方法相结合对缺陷进行诊断，提高诊断的准确性。

（2）立木断层成像技术波的传播基于直线传播理论，但波在木材内部传播为曲线传播，射线追踪理论是建立在几何光学近似的基础上，如何合理选择射线追踪方法以及改进信号提取方法和成像算法来降低图像失真率均需要深入研究。

（3）树干断面缺陷显示主要以二维图像为主，现有的三维图像重构仅是在二维基础上简单构建而成，没有达到真正的三维立体图像。为更好对树干缺陷有全面、立体的观察，提供丰富的内部缺陷信息，需加强立木树干缺陷三维图像重构方法研究。

（4）由于立木缺陷种类、程度、分布变异性大，因此需要构建立木缺陷诊断数据库，为缺陷判别和改进检测方式提供基础数据。

应力波断层成像技术不仅能够通过传播速度对木材内部缺陷进行检测，且能够以图像方式直观表示检测结果，为木材内部情况快速检测与评价提供了新方法，所以该技术在景观树、古树的研究和应用上不断得到深入和推广。但是应力波断层成像技术还存在不足，如检测结果与真实缺陷情况存在一定差异，检测树干内部细小开裂时，检测结果往往表现为腐朽而不是开裂，容易把细小开裂表现为小面积腐朽，这需要借助其他检测方法来确认。总结国外在该领域的研究趋势有以下 4 个方面。

（1）对应力波在立木内部传播规律，特别在非健康材中的传播规律进行深入研究，揭示应力波传播与内部缺陷的相关关系。

（2）引入更先进的数据矩阵转换方法和应力波采集技术，使图像清晰度和检测结果的准确性进一步提高。

（3）由于木材弹性波理论一直沿用一维均质材料弹性直杆为假设的传播理论，把均质理论应用于各向异性的木材中必然造成计算结果偏差，研究三维非均质的传播理论运用到各向异性的木材检测中已经引起有关学者关注。

（4）扩大应力波断层成像技术的应用领域（如古树名木、景观树、人工林立木、古建筑等），建立检测和评价方法数据库，完善该技术的软件与硬件设备。

我国采用应力波断层成像技术检测立木内部缺陷研究起步晚，主要以吸收国外研究成果及应用为主，在理论研究、成像软件及硬件设备方面还需深入研究和开发。今后研究的主要趋势有以下 3 方面。

（1）引入应力波断层成像技术同时深入研究其检测机制，探讨应力波断层成像技术对立木内部缺陷检测的成像原理和计算方法，提高检测准确率。

（2）扩大应力波断层成像技术在古树名木中的应用，系统研究检测方式、影响因素、图像判断等方面对检测结果准确性的影响。

（3）在应力波断层成像技术检测机制基础上进行深入研究并开发自主知识产权的软件和硬件设备，并推广应用。

主要参考文献

[1] 全国绿化委员会, 国家林业局. 全国古树名木普查建档技术规定[Z]. 2001: 1.
[2] 陈锡连, 王国英, 陈赛萍. 古树名木预防腐朽中空技术研究[J]. 华东森林经理, 2003, 17(5): 28-29.
[3] 王元胜, 甘长青, 周肖红. 香山公园古树名木地理信息系统的开发技术研究[J]. 北京林业大学学报, 2003, 25(2): 53-57.
[4] 张厚江. 城市树木生长质量的检测[J]. 林业科学, 2005, 41(6): 198-200.
[5] 卢春英. 闽西古树名木资源现状[J]. 林业调查规划, 2005, 30(4): 59-61.
[6] Rinn F, Schweingruber F H, Schär E. Resistograph and X-ray density charts of wood comparative evaluation of drill resistance profiles and X-ray density charts of different wood species [J]. Holzforschung, 1996, 50(4): 303-311.
[7] Nicolotti G, Miglietta P. Using high-technology instruments to assess defects in trees [J]. Journal of Arboriculture, 1998, 24(6): 297-302.
[8] Mattheck C, Bethge K, Albrecht W. How to read the results of Resistograph M [J]. Arboricultural Journal, 1997, 21: 331-346.
[9] Costello L R, Quarles S L. Detection of wood decay in blue gum and elm: an evaluation of the

Resistograph and the portable drill [J]. Journal of Arboriculture, 1999, 25 (6): 311-318.

[10] Isik F, Li B L. Rapid assessment of wood density of live trees using the Resistograph for selection in tree improvement programs [J]. Canada Journal Forestry Research, 2003, 33: 2426-2435.

[11] 刘超, 王理, 昌明, 等. 超声计算机层析成像技术[J]. 北京生物医学工程, 2002, 21(2): 152-155.

[12] Berndt H, Schniewind A P, Johnson G C. High-resolution ultrasonic imaging of wood [J]. Wood Sci Technol, 1999, 33: 185-198.

[13] Axmon J, Hansson M, Sörnmo L. Modal analysis of living spruce using a combined Prony and DFT multichannel method for detection of internal decay [J]. Mechanical Systems & Signal Processing, 2002, 16(4): 561-584.

[14] Nicolotti G, Socco L V, Martinis R, et al. Application and comparison of three tomographic techniques for detection of decay in trees [J]. Journal of Arboriculture, 2003, 29(2): 66-78.

[15] Socco L V, Sambuelli L, Martinis R, et al. Feasibility of ultrasonic tomography for nondestructive testing of decay on living trees [J]. Research in Nondestructive Evaluation, 2004, 15(1): 31-54.

[16] Bucur V. Ultrasonic techniques for nondestructive testing of standing trees [J]. Ultrasonics, 2005, 43(4): 237-239.

[17] Lasaygues P, Franceschini E, Debieu E, et al. Non-destructive diagnosis of the integrity of green wood using ultrasonic computed tomography[C]//proceedings of the International Congress on Ultrasonics, Vienna, April 9-13, 2007: 1-4.

[18] 吕立仁, 陈兆斌. 超声波检测木材质量的可行性探讨[J]. 铁道技术监督, 1999, (6): 33-34.

[19] 于文勇, 王立海, 杨慧敏, 等. 超声波木材缺陷检测若干问题的探讨[J]. 森林工程, 2006, 22(6): 7-9.

[20] 杨慧敏, 王立海. 超声波功率谱技术在木材空洞缺陷无损检测中应用[J]. 森林工程, 2005, 21(2): 8-9.

[21] 高毓谦, 林振荣, 林达德, 等. 多路径超音波断面影像技术评估柳杉人造孔洞之研究[J]. 台湾大学生物资源暨农学院实验林研究报告, 2005, 19(3): 239-250.

[22] 马艺馨, 徐苓安. 电阻层析成像技术的研究[J]. 仪器仪表学报, 2001, 22(2): 195-198.

[23] 董峰, 崔晓会. 电阻层析成像技术的发展[J]. 仪器仪表学报, 2003, 24(4): 703-705, 712.

[24] Shortle W C, Smith K T. Electrical properties and rate of decay in spruce and fir wood [J]. Phytopathology, 1987, 77: 811-814.

[25] Larsson B, Bengtsson B, Gustafsson M. Nondestructive detection of decay in living trees [J]. Tree Physiology, 2004, 24: 853-858.

[26] Martin T. Complex resistivity (CR) of wood and standing trees [C]//Proceedings of the 16th International Symposium on Nondestructive Testing and Evaluation of Wood. Beijing China, 2009: 10-15.

[27] Butnor J R, Doolittle J A, Johnsen K H, et al. Utility of ground-penetrating radar as a root biomass survey tool in forest systems [J]. Soil Science Society of America Journal, 2003, 67: 1607-1615.

[28] Hruska J, Cermák J, Sustek S. Mapping tree root systems with ground penetrating radar [J]. Tree Physiology, 1999, 19: 125.

[29] Barton J R, Doolittle J A, Kress L, et al. Use of ground penetrating radar to study tree roots in the southeastern United States [J]. Tree Physiology, 2001, 21: 1269-1278.

[30] Divos F, Divos P. Resolution of stress wave based acoustic tomography[C]//Proceedings of the 14th International Symposium on Nondestructive Testing of Wood. University of Applied Sciences, Eberswalde, Germany, May 2-4, 2005: 309-314.

[31] Wang X P, Ross R J, Carter P. Acoustic evaluation of standing trees—recent research development[C]// Proceedings of the 14th International Symposium on Nondestructive Testing of Wood, University of Applied Sciences, Eberswalde, Germany, May 2-4, 2005: 455-465.

[32] Bodig J, Goodman J R. Prediction of elastic parameters for wood [J]. Wood Science, 1973, 5(4): 249-264.

[33] Bulleit W M, Falk R H. Modeling stress wave passage times in wood utility poles[J]. Wood Science and Technology, 1985, 19(2): 183-191.

[34] Schad C K, Schmoldt L D, Ross R J, et al. Nondestructive methods for detecting defects in softwood logs[R]. Res. Pap. FPL-RP-546. Forest Products Laboratory, 1996: 13.

[35] Ross R J, DeGroot R C, Nelson W J. The relationship between stress wave transmission characteristics and the compressive strength of biologically degraded wood[J]. Forest Products Journal, 1997, 47(5): 89-93.

[36] Yamamoto K, Sulaiman O, Hashim R. Nondestructive detection of heart rot of *Acacia mangium* trees in Malaysia[J]. Forest Products Journal, 1998, 48(3): 83-86.

[37] Wang X, Divos F, Pilon C, et al. Assessment of decay in standing timber using stress wave timing nondestructive evaluation tools—a guide for use and interpretation[R]. Gen.Tech.Rep. FPL-GTR-147. Madison, WI: U.S. Department of Agriculture, Forest Service, Forest Products Laboratory, 2004: 1-11.

[38] Brashaw B K, Ross R J, Wacker P J. Condition assessment of timber bridges. 2. Evaluation of Several Stress-Wave Tools[C]. Gen.Tech. Rep. FPL-GTR-160. Madison, WI: U.S. Department of Agriculture, Forest Service, Forest Products Laboratory, 2005: 1-11.

[39] Axmon J, Hansson M. Nondestructive detection of decay in spruces using acoustic signals: evaluation of circumferential modes[R]. Signal Processing Report SPR-45 May, 1999: 66.

[40] Comino E, Nicolotti G, Sambuelli L, et al. Low current tomography for tree stability assessment [C]// Backhaus G F, Balder H, Idczak E. International symposium on plant health in urban horticulture. Braunschweig, Germany, 22-24, May, 2000: 278.

[41] Divos F, Szalai L. Tree evaluation by acoustic tomography[C]//Proceedings of the 13th International Symposium on Nondestructive Testing of Wood. August 19-21, 2002. Berkeley, CA, 2002: 251-256.

[42] Rust S. A new tomographic device for the non-destructive testing of trees[C]//Proceedings of the 12th International Symposium on Nondestructive Testing of Wood, University of Western Hungary, Sopron, Hungary, September 13-15, 2000: 233-238.

[43] Bucur V. Nondestructive characterization and imaging of wood[J]. Springer Berlin Heideberg, 2003, 62(3): 314-315.

[44] Martinis R, Socco L V, Sambuelli L, et al. Ultrasonic tomography on standing trees [J]. Annals of Forest Science, 2004, 61(61): 157-162.

[45] Glibert A E, Smiley E T. PiCUS Sonic Tomography for the quantification of decay in white oak (*Quercus alba*) and hickory (*Carya* spp.) [J]. Journal of Arboriculture, 2004, 30(5): 277-281.

[46] Wang X, Wiedenbeck J, Ross R J, et al. Nondestructive evaluation of incipient decay in hardwood logs [R]. Gen. Tech. Rep. FPL-GTR-162. Madison, WI: U.S. Department of Agriculture, Forest Service, Forest Products Laboratory, 2005: 1-11.

[47] 杨学春, 王立海. 红松木材结构缺陷对应力波传播参数的影响[J]. 东北林业大学学报, 2005, 33(1): 30-31.

[48] 詹明动, 曾郁珊, 蔡明哲, 等. 三种非破坏检测仪器应用于柳杉造林木立木木材质之评估[J]. 台湾大学生物资源暨农学院实验林研究报告, 2005, 19(3): 207-216.

[49] 林振荣, 邱志明, 杨德新, 等. 应用应力波断面影像法评估香杉鼠害立木材质[J]. 台湾林业科学, 2005, 20(3): 259-264.

[50] 梁善庆, 王喜平, 蔡智勇, 等. 弹性波层析成像技术检测活立木腐朽[J]. 林业科学, 2008, 44(5): 109-114.

[51] Liang S, Wang X, Wiedenbeck J, et al. Evaluation of acoustic tomography for tree decay detection [C]// Proceedings of the 15th International Symposium on Nondestructive Testing of Wood, Duluth, MN, Sept 10-13, 2007: 49-54.

[52] 梁善庆, 胡娜娜, 林兰英, 等. 古树名木健康状况应力波快速检测与评价[J]. 木材工业, 2010, 24(3): 13-15.

[53] 王立海. 基于应力波断面画像的立木内部腐朽无损检测技术研究[D]. 北京: 中国林业科学研究院博士后出站报告, 2009.

第二章 应力波断层成像原理及算法概述

断层成像（tomography）也称为计算机层析（断层）成像（computer tomography，CT）和计算机辅助层析成像（computer assisted tomography，CAT）[1]，是指在不损伤研究对象内部结构的条件下，利用某种探测源根据从对象外部设备所获得的投影数据，运用一定的数学模型和重构技术，使用计算机生成对象内部的二维、三维图像，重现对象内部特征。断层成像不同于从图像到图像的常规计算机图像处理技术，而是由投影数据重构以伪彩色图像反映被测材料或制件内部质量，定性、定量分析其缺陷，从而提高检测的可靠性，是一种特殊的图像处理技术，常被称为图像重构[2]。断层成像概念是 1917 年奥地利数学家 Radon 提出，当时 Radon 指出如果知道一组关于待测参数完整的综合或投影，就可以反求这个待测参数的值，并且推导出参数与其投影的解析关系式。随后Cormack、Langan、Bishop、Farra 和 Madariaga 等的研究进一步发展了旅行时断层成像技术[3-6]。Debora Cores 把射线追踪转换为一系列基于费马原理（Fermat's principle）的旅行时方程优化问题，但尚欠缺收敛于全局最小的有力证据[7]。针对反问题解非唯一的难点，Wéber 则提出采用优化模型参数的方法遏制距离矩阵的病态性。在应用方面，国内外学者对该学科交叉领域也作了一些有益的探索[8-10]。

在立木检测研究方面，1997 年 Rust 用反投影法（black project）重构了基于波振源的树干断面图像，1999 年声波断层成像技术（acoustic tomography）被研究并引入立木树干内部缺陷检测中，即基于断层成像理论基础，采用列阵式传感器记录声在树干断面传播信号，把采集的传播信号作为投影数据并通过图像重构算法最终实现缺陷可视化。然而在相同的条件下采集的投影数据，当基于不同的假设理论时使用不同的图像重构方法，所得到的图像质量和准确性存在差异，因此图像重构数学理论和算法在断层成像技术开发和应用中起到了关键作用。

第一节 断层成像的数学理论

一、Radon 变换及其逆变换

断层成像的数学基础是基于 Radon 变换及其逆变换，即基于 Radon 变换用阵列式传感器以非侵入方式获得物体内部各方向上的投影数据，并运用一定的图像重构算法，重构出反映物体在二维截面或三维空间上的信息图像。例如，函数 $f(x,y)$ 定义为二维空间 R^2 上的连续有界函数，L 为一直线，此时 $f(x,y)$ 沿直线 L 的线积分：

$$Rf(x,y) = \int_L f(x,y)\mathrm{d}l \qquad (2-1)$$

式中，$\mathrm{d}l$ 为线微元；R 为 Radon 变换算子。

设 $A=(x,y)$ 是直角坐标系 X-Y 平面上的点（图 2-1），则 $f(A)=f(x,y)$ 表示在点 (x,y)

上的函数值，平面上任意直线可表示为

$$L : t = x\cos\theta + y\sin\theta \qquad (2-2)$$

式中，t 为坐标原点到直线 L 的距离，θ 为 t 方向与 X 轴的夹角。则平面上的直线可由数对（t，θ）确定。$f(x, y)$ 的 Radon 变换可表示为

$$Rf(x, y) = \int_{t = x\cos\theta + y\sin\theta} f(x, y)\mathrm{d}l \qquad (2-3)$$

式中，$\mathrm{d}l = \sqrt{(\mathrm{d}x)^2 + (\mathrm{d}y)^2}$。

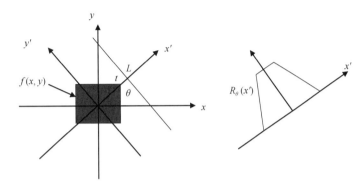

图 2-1　Radon 变换 x-y 坐标系

采用新的坐标系 x'-y' 与原坐标呈 θ 角，y' 轴与直线 L 平行（图 2-1），两坐标系转换关系如下：

$$\begin{bmatrix} x' \\ y' \end{bmatrix} = \begin{bmatrix} \cos\theta & \sin\theta \\ -\sin\theta & \cos\theta \end{bmatrix} \begin{bmatrix} x \\ y \end{bmatrix} \qquad (2-4)$$

将式（2-4）代入式（2-1），则可得 Radon 变换的表达式：

$$R_\theta(x', y') = \int_{-\infty}^{+\infty} f(x'\cos\theta - y'\sin\theta, x'\sin\theta + y'\cos\theta)\mathrm{d}y' \qquad (2-5)$$

从理论上讲，图像重构问题就是要求解 Radon 变换的反变换，1917 年 Radon 指出一个物体可以通过一组完全的投影精确地重构，并给出了表达式的逆变公式：

$$f(x, y) = -\frac{1}{2\pi^2}\lim_{t \to 0}\int_t^\infty \frac{1}{q}\int_0^{2\pi} Rf_1(x\cos\theta + y\sin\theta + q, \theta)\mathrm{d}\theta\mathrm{d}q \qquad (2-6)$$

式中，$Rf_1(q, \theta)$ 为 $Rf(q, \theta)$ 关于第一变元 q 的偏导数。

将一般的函数 $f(x, y)$ 称为图像，将 $Rf(q, \theta)$ 称为该图像沿某一投影方向的投影，则 Radon 逆变换的含义是由图像在所有方向上的投影可重构该图像（图 2-2）。因此，Radon 变换和逆变换为断层成像奠定了数学基础。

二、傅里叶变换

图像重构算法的基础是傅里叶中心切片定理，也称为投影定理。其具体含义是：待重构图像 $f(x, y)$ 在角度 θ 得到的投影函数 $R_\theta(t)$ 的一维傅里叶变换，等于在同一角度下进行的 $f(x, y)$ 二维傅里叶变换的一条直线，如图 2-3 所示，其中 t 为投影值与中心射线

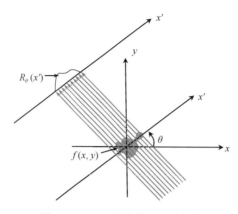

图 2-2　Radon 逆变换 x-y 坐标系

的距离。傅里叶中心切片定理指明了从投影重构图像的可能性。通过对投影的一维傅里叶变换，得到图像的二维傅里叶变换，如果采集到足够多的投影，就可计算出重构图像整个傅里叶空间，利用傅里叶反变换恢复图像本身。因此，断层图像重构过程是一系列一维傅里叶变换后，再进行一次二维傅里叶反变换[11]。

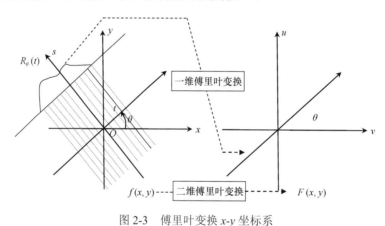

图 2-3　傅里叶变换 x-y 坐标系

第二节　断层成像图像重构算法

投影重构图像常用算法主要有解析法和迭代重构算法。解析法即基于 Fourier 切片定理，是对数据完备性要求很高的投影算法，其中最常用的是线性反投影法（LBP）或基于 LBP 的滤波反投影法（FBP），其具有分辨率高、可实时成像等优点。迭代重构算法主要有代数重构算法（ART）、同步迭代算法（SIRT）和 Landweber 迭代算法及其修正算法等。经典算法为 Gorden 等提出的代数重构算法，其特点是开始就将连续的图像离散化，具有结构简单、有明确的物理及几何意义等特点。但由于计算量大，重构速度相应减慢。随着计算机技术的飞速发展，迭代重构算法也越来越受到重视。

一、线性反投影算法

线性反投影算法（linear back projection，LBP）又称为累加法，是最早使用的一种简单成像算法。它将通过某点的所有投影射线进行累加，再反向估算出该点的密度值[12]。由于其简单快捷，广泛应用于各类过程层析成像中。其基本原理是将波传播测量值看作相应检测区内各像素灰度值的累加，通过将测量值再反馈到对应检测区内的各个像素得到整个截面的各个像素的灰度值[13]。从成像观点分析，它是不完全的 Radon 逆变化，由于线性反投影只是一种定性的算法，研究者在此基础上提出了迭代线性反投影算法。其计算步骤如下所述。

（1）基于采集的波传播信息，利用线性反投影算法获得初始图像。

（2）采用拾取的波传播参数分布，求解正问题，得到一组仿真参数值，将该值与测量值进行比较，若误差已达到满意值，算法结束，否则进行下一步。

（3）修正传播参数信息。

（4）根据上一步已经修正后的传播参数信息，利用测量传播数值重新进行线性反投影；返回第二步，并进行循环迭代，直到获得满意的结果为止，迭代结束。

二、代数重构算法

迭代算法中的代数重构算法（algebraic reconstruction technique，ART）、同步迭代代数重构算法（SIRT）和 Landweber 迭代算法及其修正算法等对数据的处理过程基本相似。首先是用 LBP 方法获得一个初始图像，然后利用线性正投影法（LFP）或有限元法（FEM）计算出初始图像形成的电容值，并与实际测量值相比较得到一个偏差值，再来修改图像，再以修正后的图像作为初始图像，重复上述过程，直至偏差小于某一设定的值，下面对代数重构算法（ART）做详细介绍[14]：

$$T^i = D_j^i S_j \qquad (2\text{-}7)$$

式中，$i=1\sim N$（共有 N 条路径），$j=1\sim M$（共有 M 个网格）；T^i 为第 i 条路径旅行时；D_j^i 为第 i 条路径经第 j 个网格的截线长度（路径没有经过的网格该截线长度为零，即 $D_j^i=0$）；S_j 为第 j 方块的慢度。T^i 的增量与 D_j^i 及 S_j 的关系为

$$\Delta T^i = \sum_{j=i}^{M} \frac{\partial T^i}{\partial S_j} \Delta S_j + \sum_{j=i}^{M} \frac{\partial T^i}{\partial D_j^i} \Delta D_j^i \qquad (2\text{-}8)$$

其中由于每一条路径是固定的，可由式（2-8）计算出来。每一条路径行经每一个网格的截线长度也是固定的，所以 $D_j^i=0$。而 $\dfrac{\partial T^i}{\partial S_j}$ 是第 i 条路径行经第 j 个网格的截线长 D_j^i，因此 $\dfrac{\partial T^i}{\partial S_j} = D_j^i$ 代入式（2-7）有：

$$\Delta T^i = \sum_{j=i}^{M} D_j^i \Delta S_j \qquad (2\text{-}9)$$

在第 $k+1$ 次迭代的过程中，ΔT_{k+1}^i 是相对于 D_j^i 的变化而产生的变量：

$$\Delta T_{k+1}^i = T_{k+1}^i - \Delta T_k^i \qquad (2\text{-}10)$$

针对某一路径，在第 $k+1$ 次迭代时相对于路径上每一个 S 值的变化而造成的 T^i 变量为

$$\Delta T^i = \sum_{j=i}^{M} D_j^i [S_{j(k+1)}^i - S_{j(k)}^i] \qquad (2\text{-}11)$$

综合以上各式，则式（2-8）可以改写成：

$$\Delta T_{(k+1)}^i = \sum_{j=i}^{M} D_j^i \Delta S_{j(k+1)}^i \qquad (2\text{-}12)$$

ART 要求在整条第 i 条路径的 S_j^i 改变量的总和为最小的条件下求解方程式（2-12），或者可以表示为在 $\Delta T^i = \sum_{j=i}^{M} D_j^i \Delta S_j^i$ 的限制条件之下，求解式 $G = \sum_{j=i}^{M} (\Delta S_j^i)^2$ 函数的最小值。利用拉格朗日乘数法（Lagrange multiplier）放松限制条件，求解 ART，有

$$K = \sum_{j=1}^{m} \left[(\Delta S_j^i)^2 - \lambda D_j^i \Delta S_j^i \right] + \lambda \Delta T^i \qquad (2\text{-}13)$$

待解函数 ΔS_j^i（$j=1\sim M$）有 M 个，λ（拉梅常数）有一个，共有 $M+1$ 个数待解，而在方程组的数目方面：

$$\frac{\partial k}{\partial \Delta S_j^i} = 0 \qquad (2\text{-}14)$$

由

$$\Delta T_j^i = \frac{\lambda D_j^i}{2} \quad (j=1\sim M，有 M 个方程) \qquad (2\text{-}15)$$

$$\Delta T^i = \sum_{j=i}^{M} D_j^i \Delta S_j^i \quad (有一个方程) \qquad (2\text{-}16)$$

应可求解 ΔS_j^i（$j=1\sim M$）以及 λ 共 $M+1$ 变数。将式（2-15）代入式（2-12）得

$$\Delta T^i = \sum_{j=i}^{M} D_j^i \left(\frac{\lambda D_j^i}{2} \right) = \lambda \sum_{j=i}^{M} (D_j^i)^2$$

则

$$\lambda = \frac{\Delta T^i}{\sum_{j=i}^{M} (D_j^i)^2} \qquad (2\text{-}17)$$

于是可求得各个网格的调整系数，将式（2-17）代回式（2-15），则每个网格可以求得

$$\Delta S_j^i = \left[\frac{\Delta T_{(k+1)}^i}{\sum_{j=i}^{M} (D_j^i)^2} \right] D_j^i \qquad (2\text{-}18)$$

以上是 ART 迭代方法的基础理论，对每一条路径的 T^i 都要修正 S_j，因此 S_j 是在每

检验完一条路径之后马上全部做修正。

三、同步迭代代数重构算法

同步迭代代数重构算法（simultaneous iterative reconstruction technique，SIRT）与 ART 相比较，SIRT 方法的基本理论以及各段的调整系数和 ART 方法都一样，差别在于当检验完一条路径时，SIRT 并不立即对 S_j 做修正，而是等到所有路径都做完一次检验之后，再将所得的 ΔS_j^i 做统计修正，而后才是更新 S_j 作为下一次迭代的 S_j 值。这个统计工作通常是将同一网格在经过 N 条路径的检验之后，所得到 N 个 ΔS_j^i（$i=1\sim N$）进行平均。可以简单地用式（2-19）表示：

$$\Delta S_j = \frac{1}{N}\sum_{i=1}^{N}\Delta S_j^i \tag{2-19}$$

式中，ΔS_j^i 仍然使用式（2-18）计算。

四、Landweber 迭代算法

Landweber 迭代算法是利用 LBP 法所重构的图像作为迭代过程的初值，由于初值偏离实际值较大，需要经过多次迭代。采用迭代法可以提高重构图像的质量，但降低了成像速度，无法满足实时性的要求，因此迭代法只适用于离线的图像重构[15]。另外，目前迭代法的迭代结束准则一般由人为确定，基本都是采用固定迭代次数来结束迭代过程。成像算法经过离散化、线性化和归一化的模型如式（2-20）所示：

$$Ms = t \tag{2-20}$$

式中，t 为归一化旅行时向量；M 为传播距离 $n\times m$ 阶雅可比矩阵；s 为慢度分布图像向量，图像重构的任务就是给定旅行时，求解慢度分布。Landweber 迭代是一种所谓的梯度方法，由于图像重构反问题通常是非对称的，此方法应用于解方程

$$M^{\mathrm{T}}Ms = Mt \tag{2-21}$$

任意选择 $s^{(0)}$ 作为初值，则第 $k+1$ 次 Landweber 迭代形式如下：

$$s^{(k+1)} = s^k + \tau M^{\mathrm{T}}(t - Ms^{(k)}) \quad (k=0,\ 1,\ 2,\ \cdots,\ n) \tag{2-22}$$

式中，τ（$\tau > 0$）为松弛因子。将式（2-22）经过如下简单修改，成为投影 Landweber 迭代：

$$s^{(k+1)} = P_+[s^{(k)} + \tau M^{\mathrm{T}}(t - Ms^{(k)})] \tag{2-23}$$

式中，P_+ 是非负凸集上的投影，定义：

$$P[f(x)] = \begin{cases} 0, & \text{如果 } f(x) < 0 \\ f(x), & \text{如果 } 0 \leqslant f(x) \leqslant 1 \\ 1, & \text{如果 } f(x) > 1 \end{cases} \tag{2-24}$$

投影算子确保每次迭代都收敛于一个凸集上，也就是说对解析加了非负数限制和上界限制。这些限制导致在实际应用中，Landweber 迭代算法的收敛速度常常很低，需要经过很多次的迭代才能得到较满意的图像重构结果[16]。

第三节　应力波断层成像图像重构步骤

应力波可用于断层扫描的原因之一就是在相同的介质 E［具有相同的杨氏模量（Young modulus）和泊松比 v（Poisson ratio）］的物体内有相同的波速。基于波动理论，现今使用应力波检测木材内部缺陷所采集的参数以纵波（longitudinal wave）传播为主，其波速与杨氏模量和泊松比的关系如下：

$$c_{L} = \sqrt{\frac{(1-v)E}{(1+v)(1-2v)\rho}}$$

投影数据采集目的是能精确计算出木材内部各点行进的波速，通过了解内部波速的分布，就能根据不同的波速对应到不同的介质，从而构建出木材内部结构变化。应力波断层成像理论目的是通过检测断面不同方向传播时间后，最终采用波速矩阵对图像进行重构。当波从振源产生点 i（$i=1，2，3，\cdots，n$）传播到接收点 j（$j=1，2，3，\cdots，n$）的过程中，假设把树干断面（传播面）沿传播方向分割成 k 个单元（$k=1，2，3，\cdots，n$）。当波从振源点 i 传播到接收点 j 此时传播时间可记为 t_{ij}，将成像区域和程函方程进行积分和离散化后得[17]

$$t_{ij} = \sum_{i,j=n} l_{ijk} s_{k} \qquad (2\text{-}25)$$

式中，s_{k} 为第 k 个离散单元内的平均慢度（波速的倒数）；l_{ijk} 为第 i 条射线在第 j 个单元内的射线长度；n 为离散单元个数。

整体单元慢度值受各个单元慢度值及传感器发射与接收精度的影响，即

$$\frac{\delta t_{ij}}{\delta s_{k}} = l_{ijk} \qquad (2\text{-}26)$$

当射线长度 l_{ijk} 以矩阵 $\boldsymbol{M}$ 形式表示，式（2-25）可以写成：

$$\boldsymbol{Ms} = \boldsymbol{t} \qquad (2\text{-}27)$$

式中，$\boldsymbol{M}$ 是 $n \times m$ 阶雅可比矩阵，其元素 a_{ij}（$i=1，2，3，\cdots，n$；$j=1，2，3，\cdots，m$）是第 j 个单元慢度 s_{j}（模型参数）对第 i 个旅行时 t_{i}（观测值）的贡献量，此处等于 l_{ijk}。$\boldsymbol{s} = (s_{1}，s_{2}，\cdots，s_{m})^{\mathrm{T}}$ 是待求的离散单元慢度值（模型参数向量）；m 是离散单元的个数；$\boldsymbol{t} = (t_{1}，t_{2}，\cdots，t_{n})^{\mathrm{T}}$ 是各射线旅行时（观测值向量）；n 是射线个数。当把初始值 $\boldsymbol{s}^{\mathrm{ini}}$ 输入变换公式中，传播时间理论计算值 $\boldsymbol{t}^{\mathrm{th}}$ 可计算得到，理论计算值与实测值之差（拟合残差）为

$$\Delta t_{i} = t_{i}^{\mathrm{ob}} - t_{i}^{\mathrm{th}} \qquad (i=1，2，3，\cdots，n) \qquad (2\text{-}28)$$

式中，t_{i}^{ob} 为第 i 条射线的实测值。构造旅行时扰动和速度扰动方程，式（2-25）可写成如下形式：

$$\boldsymbol{M}\Delta\boldsymbol{s} = \Delta\boldsymbol{t} \qquad (2\text{-}29)$$

采用适当的线性方程组求解方法，由式（2-29）解出 $\Delta\boldsymbol{s}$ 后，代入式（2-30）对初始模型参数进行修正：

$$\boldsymbol{s} = \boldsymbol{s}_{0} + \Delta\boldsymbol{s} \qquad (2\text{-}30)$$

进行迭代计算，直到旅行时观测值与理论计算值之差小于预先给定的某个小量，这时的模型参数 S 即为最终慢度分布结果，取慢度的倒数得速度分布用于成像输出[18-19]。

断层成像数学理论主要是以 Radon 变换及其逆变换和傅里叶变换为基础。在成像算法中主要分为两类，一类是解析法，即基于 Fourier 切片定理，是对数据完备性要求很高的投影算法，最常用的是线性反投影法。另一类是迭代重构算法，常用的有代数重构算法、同步迭代算法和 Landweber 迭代算法及其修正算法等。本节在此基础上总结了采用应力波作为振源的断层成像重构步骤，为立木树干应力波断层图像重构提供理论参考。

主要参考文献

[1] Herman G T. Image reconstruction from projections: implementational and applications [M]. Berlin: Spring-Verlag, 1979.

[2] Herman G T. Image reconstruction from projection: fundamentals of computerized tomography [M]. New York: Academic Press, 1980.

[3] Cormack A M. Representation of a function by its line integrals with some radiological applications [J]. Journal Application Physics, 1963, 34: 2722-2727.

[4] Langan R T, Lerche I, Cutler R T. Tracing of rays through heterogeneous media: an accurate and efficient procedure [J]. Geophysics, 1985, 50(9): 1456-1465.

[5] Bishop T N, Bube K P, Cutler R T, et al. Tomographic determination of velocity and depth in laterally varying media. Geophysics [J], 1985, 50(6): 903-923.

[6] Farra V, Madariaga R. Non-linear reflection tomography [J]. Geophysical Journal, 1988, 95(1): 135-147.

[7] Cores D, Fung G M, Michielena R J. A fast and global two point low storage optimization technique for tracing rays in 2D and 3D isotropic media [J]. Journal of Applied Geophysics, 2000, 45(4): 273-287.

[8] Wéber Z. Optimizing model parameterization in 2D linearized seismic traveltime tomography [J]. Physics of the Earth and Planetary Interiors, 2001, 124: 33-43.

[9] 李珍照. 大坝检测监测中的计算机层析成像技术[J]. 大坝与安全, 1997, 39(1): 37-43.

[10] Bond L J, Kepler W F, Dan M F, Leonard J B, Dan M F. Improved assessment of mass concrete dams using acoustic travel time tomography. Part II—application [J]. Construction and Building Materials, 2000, 14: 147-156.

[11] 朱立平. 文物 CT 图像重建算法的实现与仿真研究[D]. 北京: 北京工业大学硕士学位论文, 2008: 11-12.

[12] 张立丰. 电容层析成像并行图像重建算法的研究[D]. 哈尔滨: 哈尔滨理工大学硕士学位论文, 2009: 32-33.

[13] Heath C A, Belfort G, Hammer B E, et al. Magnetic resonance imaging and modeling of flow in hollow-fiber bioreactors[J]. Aiche Journal, 2010, 36(4): 547-558.

[14] 杨政颖. 钢筋混凝土构件断层扫描之图像处理[D]. 桃园: 台湾"中央大学"硕士学位论文, 1992: 16.

[15] 史志才, 黄志尧, 王保良, 等. 电容层析成像系统图像重建稳定性研究[J]. 浙江大学学报, 2001, 2(35): 220-224.

[16] 杨钢, 王玉涛, 邵富群, 等. 用于 ECT 图像重建的预处理 Landweber 迭代算法[J]. 东北大学学报, 2006, 27(9): 954-956.

[17] Maurer H R, Schubert S I, Baechle F, et al. Application of nonlinear acoustic tomography for nondestructive testing of trees[C]//Proceedings of the 14th International Symposium on Nondestructive Testing of Wood, University of Applied Sciences, Eberswalde, Germany, May 2-4, 2005: 337-350.

[18] 石林珂, 孙懿斐. 声波层析成像技术[J]. 岩石力学与工程学报, 2003, 22(1): 122-125.

[19] 石林珂, 孙懿斐. 声波层析成像方法及应用[J]. 辽宁工程技术大学学报, 2001, 20(4): 489-491.

第三章　树干内部应力波传播轨迹

采用敲击产生的应力波属于低音频范围，由于敲击产生的低音频在木材中具有较好的传波信号，因此开发出的仪器价格低、实用性强，得到了广泛应用。应力波无损检测技术比其他无损检测技术成本低、携带方便、检测方法不受木材形状影响、不损坏被测木材且传感器和被测木材之间不需要用任何耦合剂，所以应力波检测技术在木材上的研究与应用至今仍然被广泛关注[1-3]。应力波在木材中的传播行为与木材性质紧密相关，通过测量木材的应力波传播速度能够对木材强度进行有效预测，从而揭示了波速与木材性质间的关系，正是存在这种相关性使应力波检测技术对木材性质进行预测与评价得以实现[4]。在树干内部缺陷检测上应力波技术得到不断深入研究，在引入断层成像技术前，主要通过测量应力波在树干内部传播速度来判断缺陷是否存在，并根据判断结果对立木树干健康状况进行评价。国外研究者采用应力波检测技术对木材缺陷进行诊断与评价研究较早，而我国在该研究领域起步较晚，虽然目前在立木缺陷检测内部腐朽方面已有部分研究[5, 6]，但与国外研究技术相比还存在差距[7]。

利用波的传播快慢对木材缺陷诊断研究中，了解波的传播路径及方式是实现诊断的关键。波在各向异性材料中传播比在各向同性材料中更为复杂，而木材作为生物质材料其各向异性的性质更为多样化。应力波在木材中传播是一种动态过程，与木材的物理和机械性有直接关联。通常应力波在健康材的传播速度比在腐朽或存在缺陷的木材中传播速度要快，通过测量树干径向应力波传播时间能够对健康或非健康材进行判断。但是，应力波断层成像检测需要不同数量的传感器对树干断面进行多路径采集传播时间，此时传播路径并非传统的径向传播，而是多方位、多角度的传播途径[8]。多通道应力波断层成像技术需通过采集传播时间并以成像算法来重构图像，因此应力波在树干断面传播规律研究中至关重要，缺陷出现后对应力波传播存在影响，使传播路径改变导致传播时间产生变化，而传播时间是缺陷诊断直接使用的参数也是图像重构所需的数据。深入研究应力波在树干内部的传播规律，分析波传播路径在树干内变化，可为断层图像重构提供科学基础数据，使图像重构更具有针对性和准确性[9-10]。

本章阐述了射线追踪在断层成像中的应用，通过网格化方法采集应力波在杨树树干断面传播时间数据，以网格结构图为基础，通过二维图像模拟应力波传播的波振面，并以波速三维曲面图分析波速在树干断面的变化趋势。

第一节　射线追踪概述

射线追踪方法在断层成像领域得到广泛的应用，通过射线追踪采集的传播时间是具有针对性的投影数据，同时能够模拟波在介质中的传播轨迹，提高成像准确性。传统的射线追踪方法有打靶法[11-13]和弯曲法[14]，随后发展起来的有基于程函方程的有限差分法，基于图论和费马定理的最短路径方法以及基于程函方程利用费马原理和惠更斯原理的波前重构法等[15-18]。由于木材的各向异性，波属于在非均匀性介质中传播，使得应力波在木材中沿弯曲路径行进，即应力波在木材中发生弯曲现象，因此需要对激发点至接收点之间应力波射线进行定位。传统的射线追踪方法以初值问题射线追踪和边值问题射线追踪为主。近十多年，有关射线追踪方法的研究一直在进行，具有代表性的方法主要有以下几种[19]。

（1）有限差分解程函方程、逆风有限差分解程函方程。

（2）波前重构估算旅行时和振幅。

（3）旅行时线性插值射线追踪算法（LTI 算法）。

（4）基于图论和费马定理的最小旅行时射线路径全局算法。

（5）波前追踪法。

射线追踪是根据已知的速度模型，利用波传播的各种原理来正演激发点与接收点之间的旅行时。断层成像射线追踪技术就是先把速度模型网格化，通过节点速度的不同，来求取节点之间的波旅行时，从而追踪出射线传播路径。在断层成像中正算模式是确定波行进路径的一条主要途径，由于使用级数展开法，因此大部分的正算模式都使用方块模型来分析，几个典型的模型原理包括惠更斯原理、费马原理和互换原理。

一、惠更斯原理

惠更斯原理（Huygens principle）指出在某个时刻 t，由波源发射的波扰动传播到波面 S，此时波前面上的每一点都可以看作是新的振源，而这些小振源发出的子波波前的包络面，就是新的波前面（图 3-1）。根据这个原理，只要知道某一时刻的波前位置，就能够确定出波在各种不同时间的波前位置。惠更斯原理应用到格子方块模型，使寻找路径的工作大幅简化，根据该原理相应产生如惠更斯原理法（Huygens principle method）或图论法（graph theory method）的正算模式方法。这些方法通常将格点上往外传播的路径固定在一定数量中，使两格点间所能行走的路径数量固定，在已知路径数量基础上将这些路径相对应的旅行时计算出，比较出最小旅行时最终确定需要的路径[20]。在断层成像中波的最小旅行时采集是成像的原始数据，对于立木树干断面检测，为采集足够多的旅行时数据需使用多传感器列阵方式。振源从激发传感器扰动向各方向传播，当传播至接收传感器时记录最小旅行时数据用于图像构建，因此波的射线途径和最小旅行时的确定是基于波动断层成像技术的关键。

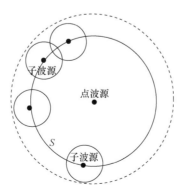

图 3-1 惠更斯原理示意图

二、费马原理

费马原理（Fermat's principle）指出波沿射线传播的时间和沿其他任何路径传播的时间比较最小，或者说波沿所花时间最小的路径传播。设沿射线 dl 的旅行时 dt 为

$$dt = \frac{|dl|}{v} \tag{3-1}$$

当 dl 取足够小时使 v 为常数，对这条射线进行扰动，射线扰动由 dl 到 $d(l+\sigma l)$，则射线将通过不同的波速 $v+\sigma v$，则

$$dt + d\sigma t = \frac{|d(l+\sigma l)|}{v+\sigma v} = |d(l+\sigma l)| \left[\frac{1}{v} + \sigma \frac{1}{v} \right] \tag{3-2}$$

此时，$|dl + d\sigma_l| = |dl| + \frac{dl.\sigma dl}{|dl|} = n.(dl + d\sigma_l)$ 近似到一阶有

$$\sigma dt = \frac{1}{v} n.d\sigma_l + \sigma\left(\frac{1}{v}\right) n.dl \tag{3-3}$$

两点间（a，b）的射线总旅行时扰动积分为

$$\sigma_t = \int_a^b \sigma\left(\frac{1}{v}\right) n.dl + \int_a^b n.d\sigma l = \int_a^b \sigma\left(\frac{1}{v}\right) n.\frac{dl(s)}{ds} + \int_a^b \frac{1}{v} n.\frac{d\sigma l(s)}{ds} ds \tag{3-4}$$

在第一积分中可写作 $\sigma\left(\frac{1}{v}\right) = \sigma l.\nabla\left(\frac{1}{v}\right)$。第二个积分则能用分部积分。由于在 a 和 b 上 $\sigma l = 0$，并且 $\eta = \frac{dl}{ds}$，从而求得

$$\sigma_t = \int_a^b \sigma l.\left[\nabla\left(\frac{1}{v}\right) - \frac{d}{ds}\left(\frac{1}{v} n\right) \right] ds \tag{3-5}$$

对任意的 σl 有 $\sigma t = 0$，因此

$$\frac{d}{ds}\left[\frac{1}{v} \times \frac{dl}{ds} \right] = \nabla\left(\frac{1}{v}\right) \tag{3-6}$$

它与波的射线理论的声波射线方程 $\nabla\left(\frac{1}{v}\right) = \frac{d}{ds}\left[\frac{1}{v} \frac{dl}{ds} \right]$ 相同，于是在射线位置做小的移动时射线具有稳定的旅行时。根据 Fermat 原理可以求得射线方程。这些点之间波的旅行时由下述曲线积分确定：

$$t = \int_{ab} \frac{ds}{v(x,y,z)} \tag{3-7}$$

式中，ds 为弧元，波沿射线的旅行时为最小的条件是 $\sigma_t = 0$。其中 σ_t 是在路径 AC 上的时间变分。用变分法可求变分方程的解，这需要求解欧拉微分方程。借助欧拉微分方程可求得射线方程簇方程，借助方程也能够确定沿射线的旅行时[21]。

三、互换原理

互换原理（reciprocity principle）认为激发点和接收点的位置可以相互交换，而同一

波的射线路径保持不变。该原理具有普遍性，除适用于均匀各向同性的完全弹性介质外，也可用于任意形状界面的弹性介质、不均匀介质和各向异性介质，其算法主要包括 4 个步骤。

（1）计算由激发端出发到每个格点上的旅行时。

（2）计算由接收源出发到每个格点上的旅行时。

（3）在每个格点上由重复（1）和（2）步骤算出的值相加，得到旅行时总和。

（4）将所有旅行时总和为最小的点连接，即可得到最短路径。

Moser 1991 年提出基于惠更斯原理和网络理论的最短路径射线追踪方法，利用费马原理与网络理论构建网络中的最短路径树，可以同时计算出从振源到达空间所有点的初至旅行时及相应的射线路径，并且不受射线理论的约束。该方法把模型划分为由节点构成的网格，每个节点与相邻节点相联系，并由从振源点到所有节点的最短路径构成，每一射线节点即绕射点，使能量不断向前传播。

第二节 树干断面应力波传播规律

应力波在木材领域的研究与实际应用取得了大量成果，但研究工作主要集中在对木材强度性质进行预测。使用应力波检测木材强度的方式主要采用纵向传播方式，但在检测树干断面缺陷时，应力波传播方向并非只是纵向传播路径，而是存在多方向传播路径，包括径向、弦向或与年轮呈一定角度方向。研究和应用应力波对树干内部缺陷诊断，需要系统了解应力波在树干断面中传播途径和规律，在此基础上才能更准确地对缺陷情况进行诊断。本节主要探讨应力波在树干断面不同角度中传播规律、不同空洞直径应力波穿透变化规律、应力波传播及其波阵面形状、应力波由髓心至树皮及随年龄变化的传播规律，为应力波断层成像技术的研究提供理论基础。

一、不同角度传播规律

取胡杨无缺陷圆盘 3 个，锯成半圆形作为试材，编号分别为 1、2、3，平均半径分别为 10.7cm、12.8cm、10.1cm。使用 Fakopp 2D 检测仪，采用两传感器检测方式，检测步骤为以髓心部位作为激发点，使用小锤把激发传感器钉入木材中，直至稳固，接收传感器沿逆时针方向按间隔角度为 $10°$ 依次布置（$N=10°、20°、30°，\cdots，180°$）并进行检测，记录传播时间，每检测点各敲击 3 次，取平均值，测量传感器间距离用于计算波速。

应力波在树干断面传播具有其传播规律性，应力波在 1 号、2 号、3 号圆盘内不同角度的传播规律为沿逆时针方向波速随传感器间夹角增加呈先增加至最大值（径向方向）后逐渐降低。为进一步探讨波速与传感器夹角的传播规律，把 3 个半圆圆盘分成 6 个 1/4 圆，此时设径向方向上两传感器夹角为 0°（图 3-2 中检测角度为 90° 时为径向方向），两传感器间夹角从 0° 到 90° 方向变化。当夹角为 0° 时波速范围在 1066～1083m/s，平均值为 1073m/s，说明应力波在木材断面传播以径向传播最快，当夹角逐渐增大后，波速变小，夹角为 90° 时波速范围在 250～805m/s，平均值为 547m/s，为所有波速中最小值（表 3-1）。夹角 0°～90° 波速随夹角变化的结果见图 3-3，图中波速随夹角的增加而降低，在 0°～40°波速降低率仅为 1.9%，波速降低较为平缓，角度在 50°、60°、70°、80°、90°波速降低率分别为 9.6%、15.7%、27.0%、49.0%、78.6%，50°后波速降低率迅速增加，降低表现明显。

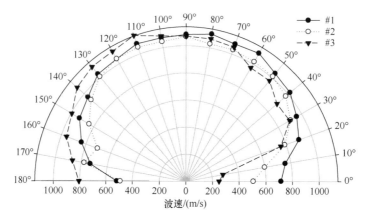

图 3-2　应力波波速在不同传播角度的变化趋势

表 3-1　应力波不同角度传播规律检测结果

角度/（°）	最大值/（m/s）	最小值/（m/s）	平均值/（m/s）	标准差	变异系数/%	准确指数/%
0	1083	1066	1073	7.59	0.71	0.58
10	1101	1028	1067	26.78	2.51	2.05
20	1142	1032	1072	38.47	3.59	2.93
30	1104	968	1044	49.32	4.73	3.86
40	1099	970	1026	43.09	4.20	3.43
50	1071	891	975	63.92	6.56	5.35
60	994	840	920	53.02	5.76	4.71
70	959	705	825	93.75	11.37	9.28
80	868	283	669	207.98	31.11	25.40
90	805	250	547	194.21	35.50	28.98

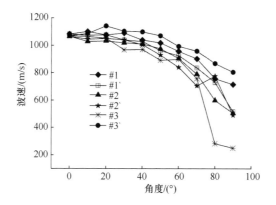

图 3-3　不同角度应力波波速变化趋势

对不同角度变化对波速影响进行了方差分析（表3-2），角度增加使波速变化差异明显，在置信度为95%条件下，总体波速变化差异达到显著性水平。以波速为因变量（y），角度为自变量（x），对传感器夹角与波速变化作回归曲线趋势图（图3-4），其回归方程为 $y=-0.0984x^2+3.2964x+1053.7$，相关系数 $r=0.9961$，相关性达显著水平，可知传感器夹角与应力波波速呈二阶线性函数负相关关系，可以通过二阶函数根据角度的改变对波速变化趋势进行预测。

表 3-2　应力波不同角度传播规律方差分析

变差来源	平方和	自由度	平均平方和	F 值	显著性
角度间	1 851 564.9	9	205 729.4	19.9	0.000[**]
波速内	516 015.9	50	10 320.3		
总计	2 367 580.8	59			

**置信度0.05达显著性水平

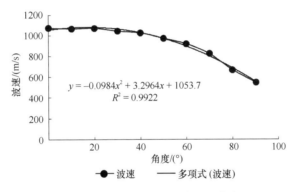

图 3-4　应力波波速与角度回归曲线

二、不同空洞直径传播规律

选取胡杨无缺陷圆盘 3 个，厚度 5cm，圆盘略为圆形或椭圆形，含树皮。先测定健全圆盘，测定时采用 Fakopp 2D 检测仪进行检测，分别检测两传感器夹角为 180° 和 90° 方向应力波穿透时间，为增加检测准确性，180° 方向分别检测南北和东西方向，90° 方向分别检测东北和西南方向。检测完成后，在圆盘中心处进行人工开空洞，空洞半径每隔 1cm 逐步加大空洞直径，在各开洞阶段分别测定 180° 和 90° 传播时间，每检测点各敲击 3 次，取平均值，并测量激发点与接收点间距离。

利用 Fakopp 2D 检测仪对健全圆盘分别测定 180°（径向方向）及 90° 方向传播时间，再逐步将健全圆盘以人工方式从中心挖洞，目的探讨圆盘内部空洞直径大小对 180° 和 90° 方向传播影响，研究在不同大小空洞情况下，应力波传播时间及波速的变化规律。表 3-3 为 90° 方向应力波在不同空洞直径中传播结果。在检测 1 号、2 号、3 号健全圆盘中，传播时间分别为 177μs、198μs、155μs，相应波速分别为 968m/s、897m/s、950m/s，按半径为 1cm 对圆盘逐渐开洞后，90° 方向应力波传播时间略呈增加趋势，但 1 号、2 号圆盘在空洞直径为 15.5cm 之前传播时间增加不明显，空洞直径大于 17.5cm 时，传播时间才显著增加，3 号圆盘传播时间与 1 号和 2 号圆盘情况相似，空洞直径在 13.5cm 之前传播时间增加不显著，之后增加显著。波速变化情况与传播时间相反，波速随空洞直径增大呈下降趋势，1 号圆盘波速由 968m/s 下降到 773m/s，2 号圆盘波速由 897m/s 下降到 715m/s，3 号圆盘波速由 950m/s 下降到 687m/s。

表 3-3　90°方向应力波在不同空洞直径传播结果

空洞直径/cm	1号		2号		3号	
	传播时间/μs	波速/（m/s）	传播时间/μs	波速/（m/s）	传播时间/μs	波速/（m/s）
0	177	968	198	897	155	950
1.5	180	952	211	842	169	877
3.5	183	935	204	868	164	899
5.5	184	930	210	848	165	896
7.5	188	914	211	843	169	877
9.5	190	905	214	830	178	832
11.5	193	888	223	794	186	790
13.5	198	865	213	831	188	785
15.5	202	850	220	807	215	687
17.5	222	773	248	715		

在 90°方向，应力波传播时间和波速随空洞直径增加未呈现明显的增加趋势，分析原因为 90°方向应力波传播路径未通过髓心，而是以两传感器之间的路径传播，当空洞半径小于两传感器间直线到空洞中心垂直距离时，此时空洞大小对穿透时间及波速影响不显著（图 3-5）。

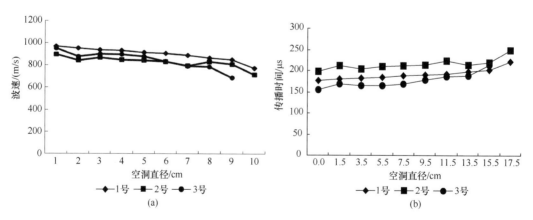

图 3-5　90°方向传播时间和波速在不同空洞直径的变化趋势

表 3-4 为 180°方向应力波在不同空洞直径传播检测结果，1 号、2 号、3 号圆盘健康材传播时间分别为 221μs、275μs、206μs，相应波速分别为 1069m/s、928m/s、1016m/s，健康材中 180°方向传播时间比 90°长，波速比 90°方向大，随空洞直径增加传播时间急速增加，可见 180°方向传播时间随空洞直径增加速度比 90°方向快。

图 3-6 为 180°方向传播时间和波速随空洞直径变化的趋势图，传播时间和波速均随空洞直径增加而显著变化，1 号、2 号、3 号圆盘传播时间分别增加 86.9%、60.0%、

表 3-4　180°方向应力波在不同直径空洞传播结果

空洞直径/cm	1 号		2 号		3 号	
	传播时间/μs	波速/（m/s）	传播时间/μs	波速/（m/s）	传播时间/μs	波速/（m/s）
0	221	1069	275	928	206	1016
1.5	229	1034	289	885	222	945
3.5	238	993	286	893	223	939
5.5	253	934	308	829	245	856
7.5	272	871	339	752	261	801
9.5	290	817	358	713	295	711
11.5	309	769	376	679	331	636
13.5	348	680	377	675	334	625
15.5	373	634	401	635	369	565
17.5	413	572	440	579	/	/

79.1%，波速分别降低 46.5%、37.6%、44.4%。应力波在 180°方向传播时，当以直线传播路径中遇到空洞时，传播时间将直接受到影响，空洞直径越大影响越大，传播时间越长，波速越慢，因此在 180°方向应力波传播比 90°方向受空洞直径影响更明显。

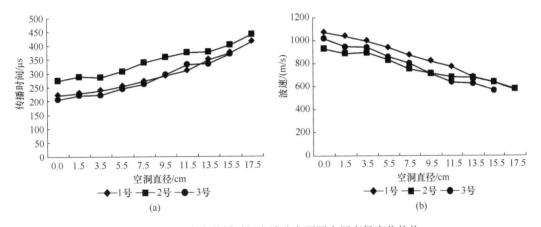

图 3-6　180°方向传播时间和波速在不同空洞直径变化趋势

通过统计分析总结了 90°和 180°方向传播时间和波速与不同空洞直径的线性回归（表 3-5）。90°方向传播时间和波速与空洞直径增加呈显著线性相关 $[r>t_{0.01}(n-2)]$，相关系数分别为 0.9042 和 0.9619，其线性方程为传播时间 $(y)=5.0256×$ 空洞直径 $(x)+168.83$，波速 $(y)=-18.804×$ 空洞直径 $(x)+956.514$。180°方向传播时间和波速与空洞直径增加相关性比 90°高，具有较高的线性相关 $[r>t_{0.01}(n-2)]$，相关系数分别为 0.9822 和 0.9956，其线性方程为传播时间 $(y)=20.799×$ 空洞直径 $(x)+195.93$，波速 $(y)=-50.133×$ 空洞直径 $(x)+1062.8$，因此空洞直径变化对 180°方向比 90°方向影响更明显。90°和 180°方向传播时间和波速的线性回归图中表明，传播时间与直径呈正线性相关，波速与空洞直径呈负线性相关（图 3-7 和图 3-8）。

为避免个体圆盘材质间差异对传播时间增加率的影响，探讨了挖洞后空洞直径与圆盘直径比值（洞径比）对 90°与 180°方向传播时间增加率的影响，对 1 号、2 号、3 号

表 3-5 不同空洞直径应力波传播时间和波速回归分析

方向	线性回归模型 $y = a + bx$				r	临界值 $r_{0.01} = (n-2)$	显著性
	y	x	a	b			
90°方向	时间（μs）	直径（cm）	168.83	5.0256	0.9042	0.7646	**
	波速（m/s）	直径（cm）	956.514	−18.804	0.9619	0.7646	**
180°方向	时间（μs）	直径（cm）	195.93	20.799	0.9822	0.7646	**
	波速（m/s）	直径（cm）	1062.8	−50.133	0.9956	0.7646	**

**置信度 0.05 显著性水平

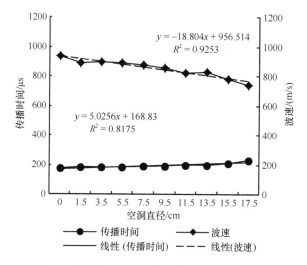

图 3-7 90°方向传播时间和波速线性回归

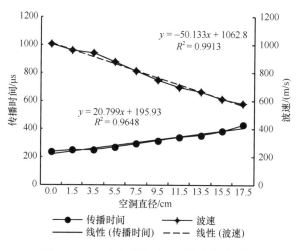

图 3-8 180°方向传播时间和波速线性回归

圆盘洞径比、传播时间增加率及 90°与 180°传播时间增加率之比进行了计算（表 3-6）。90°方向传播时间增加率在洞径比为 0.38 时增加率小于 10%，洞径比为 0.71 时增至 26.2%。180°方向在洞径比为 0.38 时传播时间增加至 35%，在洞径比为 0.71 时增加至 73.5%，180°方向增加幅度比 90°方向要大。

表 3-6　90°与 180°方向应力波传播时间增加率及比值

空洞直径/圆盘直径	传播时间增加率/%		90°与 180°方向传播时间增加率比值
	90°方向	180°方向	
0.06	5.7	5.4	1.06
0.14	3.7	6.7	0.55
0.22	5.7	15.2	0.38
0.30	6.2	24.4	0.25
0.39	9.3	35.0	0.27
0.47	14.6	45.7	0.32
0.55	14.5	52.3	0.28
0.63	23.1	64.7	0.36
0.67	26.2	73.5	0.36

图 3-9 表示 90°和 180°方向传播时间增加率随洞径比变化的趋势，从图可看出 90°方向增幅较小，180°方向在洞径比大于 0.22 时急速增加。90°和 180°方向传播时间比值与洞径比关系如图 3-10 所示，传播时间比值随洞径比值增大而减小，当洞径比为 0.06 时传播时间增加率比值为 1.05，洞径比为 0.30 时比值为 0.25，之后变化趋势平缓。因此可以利用洞径比与时间增加率的关系对树干内部腐朽或空洞程度进行判断，此比值关系不受检测树木个体材质差异的影响，也不受季节和含水率等因素影响[22]。

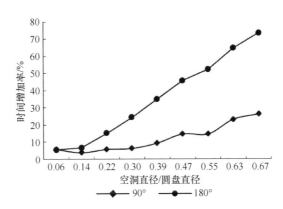

图 3-9　传播时间增加率随洞径比变化的趋势

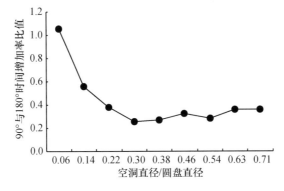

图 3-10　90°和 180°方向传播时间增加率比值随洞径比变化的趋势

三、髓心到树皮传播规律

选取胡杨正常木圆盘 2 个，应拉木圆盘 1 个，把圆盘锯解成半圆圆盘，检测时取半圆圆盘作为检测试件，分别编号为 1、2、3。使用 Fakopp 2D 检测仪，采用两传感器检测方式，检测步骤为以髓心部位为激发点，使用小锤把激发传感器钉入木材中，直至稳固，沿树皮方向（径向）按每隔 1cm 长度检测应力波传播时间，依次增加直至到树皮。激发传感器与树木年轮垂直，接收传感器与圆盘端面呈 45°角，每检测点各敲击 3 次，取平均值，并测量激发点与接收点间距离。

正常木和应拉木应力波从髓心到树皮的传播波速结果见表 3-7，正常木波速范围在 353～1111m/s，应拉木波速在 278～997m/s，从中可知正常木由髓心到树皮波速比应拉木波速大。研究认为随年龄的增长木材导管、纤维长度增加，纵向检测应力波传播波速也相应增大。应拉木纤维长度比正常木大，而应压木管胞比正常木短，因此在纵向方向上正常木波速比应压木波速略大，而比应拉木小[23]。但径向传播与纵向传播情况不同，与正常木相比，应拉木导管、轴向薄壁组织和纤维数量变少，导管和纤维直径变小；木材受拉后强度比正常木明显下降，且纤维长度和纤维内纤维素含量要比正常木高，使应力波受到的阻抗较大，导致径向方向应拉木波速比正常木小。图 3-11 展示了正常木和应拉木波速由髓心到树皮的变化规律，2 种类型木材应力波波速由髓心到树皮均呈增加趋势，从图中看出正常木曲线比应拉木所处的部位高。为进一步探究波速从髓心到树皮的变化规律，不考虑 2 种木材间的差异（无腐朽、空洞和开裂属于健康材），把波速取平均值，以髓心到树皮径向距离为自变量（x），波速为因变量（y）作回归曲线，结果见图 3-12，其回归曲线方程为 $y = 276.71\ln x + 318.82$，相关系数 $r = 0.9762$。

表 3-7 髓心到树皮应力波波速结果

髓心到树皮距离/cm	应力波波速/（m/s）		
	1 号正常木	2 号正常木	3 号应拉木
1	423	353	278
2	561	522	423
3	662	625	526
4	732	723	574
5	815	781	628
6	853	849	723
7	833	901	724
8	964	956	822
9	985	1031	863
10	1099	1068	896
11	1111	—	924
12	—	—	973
13	—	—	997

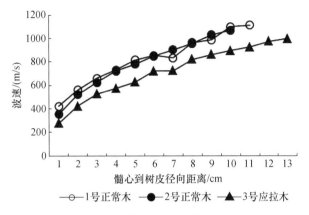

图 3-11　髓心到树皮应力波传播变化趋势

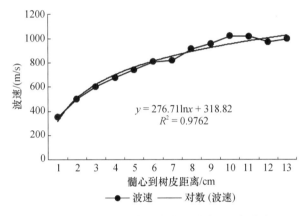

图 3-12　髓心到树皮应力波传播波速回归曲线

四、不同年龄传播规律

选取年龄分别为 27 年、29 年和 55 年的胡杨健全圆盘各 1 个,把圆盘锯解成半圆圆盘,检测时仅取半圆圆盘作为试件。采用 Fakopp 2D 检测仪,以髓心为激发点按单数年轮进行检测,由于圆盘髓心附近年轮较窄,激发和接收传感器间距离过短无法进行检测,因此根据各圆盘的实际情况,进行适当调整。对于 27 年圆盘,第 1 检测点在第 3 年轮处开始,以每 2 个年轮递增;29 年第 1 检测点位于第 7 年轮处开始,以每 2 个年轮递增;55 年圆盘第 1 检测点由第 11 年轮处开始,以每 4 个年轮递增。激发传感器布置于髓心处,波传播方向与树木年轮垂直,接收传感器与圆盘断面呈 45°角,每检测点各敲击 3 次,取平均值,并测量激发点与接收点间距离。对年龄为 27 年、29 年、55 年圆盘沿不同生长轮进行应力波检测,结果见表 3-8。

从表 3-8 可知,在年龄为 27 年树干检测中,应力波单位长度传播时间从第 3 年的 4381μs/m 下降到第 27 年的 903μs/m,波速由 228m/s 增加至第 27 年的 1107m/s。从趋势图 3-13 可知,单位长度传播时间呈先急速降低后趋于平缓趋势,在第 9~27 年单位长度传播时间降低平缓,波速随年龄的增加呈明显增加趋势。29 年圆盘从第 7 年单位长度传播时间 4333μs/m 下降到第 29 年的 1058μs/m,而波速从 231m/s 增加至 945m/s。

表3-8 应力波单位长度传播时间和波速随年龄变化结果

27年			29年			55年		
年龄/年	单位长度传播时间/（μs/m）	波速/（m/s）	年龄/年	单位长度传播时间/（μs/m）	波速/（m/s）	年龄/年	单位长度传播时间/（μs/m）	波速/（m/s）
3	4381	228	7	4333	231	11	7500	133
5	2510	398	9	2280	439	15	3667	273
7	1929	519	11	2423	413	19	2492	401
9	1456	687	13	2101	476	23	1858	538
11	1362	734	15	1739	575	27	1531	653
13	1245	803	17	1514	661	31	1388	720
15	1203	831	19	1449	690	35	1281	781
17	1163	860	21	1293	774	39	1173	853
19	1098	911	23	1237	808	43	1157	865
21	1097	912	25	1174	852	47	1123	890
23	1086	920	27	1119	894	51	1102	907
25	1006	994	29	1058	945	55	1033	968
27	903	1107	—	—	—	—	—	—

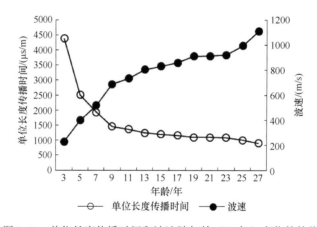

图3-13 单位长度传播时间和波速随年龄（27年）变化的趋势

从趋势图 3-14 可知，单位长度传播时间变化呈先下降后趋于平缓的趋势，波速随年龄增加呈明显增加趋势。55 年圆盘单位长度传播时间从第 11 年的 7500μs/m 下降到第 55 年的 1033μs/m，波速从 133m/s 增至 968m/s，单位长度传播时间和波速随年龄变化的规律与前面两个圆盘传播趋势一致（图 3-15）。从 3 个不同年龄圆盘检测结果可知，由于髓心附近早期形成的木材受微观构造、密度、硬度等影响，单位长度传播时间增加，波速降低，随年龄增加成熟材比例逐渐增大，应力波波速增加较快。当年龄增加成熟材比例越来越大，此时应力波传播时间变化不大，波速增加率趋于平缓。以年龄为自变量(x)，波速为因变量（y）对波速随年龄增加进行相关分析可知，27 年、29 年和 55 年圆盘波速与年龄回归方程为 $y=321.46\ln x+204.37$，相关系数 $r=0.9895$；$y=357.27\ln x+70.168$，相关系数 $r=0.9919$；$y=284.54\ln x+172.45$，相关系数 $r=0.9670$，从中可知应力波波速与年龄增长呈对数关系，相关性达显著性水平。

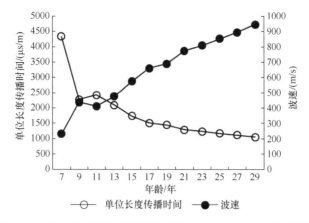

图 3-14　单位长度传播时间和波速随年龄（29 年）变化的趋势

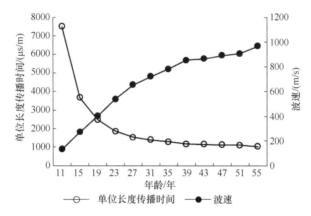

图 3-15　单位长度传播时间和波速随年龄（55 年）变化的趋势

第三节　应力波传播轨迹

一、胡杨树干断面应力波波前模拟

（一）波前轨迹模拟

振动在介质中的传播过程被称为波，振动从其作用点向各方向传播，在某个时刻振动达到各点的轨迹，称为波阵面或波前。对应力波在树干断面中传播轨迹做了研究，波阵面采用传播时间等值线表示。图 3-16（a）为健康材波前，应力波激发点在 x 轴为 10cm 处激发，从图可看出，应力波从激发点处激发后沿断面向外传播，径向传播最快处为波阵面顶端，弦向传播比径向慢，形成的波阵面较窄，如当应力波传播时间在 60μs 时，振动达到圆盘各点处的轨迹呈倒 U 形。当波传播到圆盘髓心部位时（坐标轴：$x=10$，$y=12$）由于髓心处的材质较软、密度低，波阻抗增大，波在通过此区域时传播受到影响使传播速度下降。从波阵面来看，此时通过髓心的应力波慢于其他方向传播，如传播时间在 240μs 时髓心处的波阵面比髓心附近慢，表明此时应力波在髓心处传播时间受到影响，传播时间增大波速下降，之后经过髓心部位传播时间逐渐小于其他部位传播时间。

图 3-16（b）为开裂圆盘应力波振动轨迹结果，激发点在 x 轴为 10cm 处激发（坐标

轴：$x=10$，$y=0$），其振动轨迹没有健康圆盘波前轨迹清晰，激发点部位径向传播与健康圆盘波阵面形状类似，径向传播比其他方向传播要快，处于波阵面的端部。但当传播途径遇到开裂时，应力波在传播中需绕过开裂部位进行传播，使传播时间增加。从图中可知，波阵面受开裂情况影响明显（坐标轴：x 在 1～11cm，y 在 12～14cm），导致应力波传播在开裂部位形成条形回收，而不是向前发散传播。图 3-16（c）为空洞圆盘的波阵面，激发点在 x 轴为 12cm 处激发（坐标轴：$x=12$，$y=0$），在激发部位到髓心处应力波振动轨迹有明显的规律性，径向传播明显快于其他方向的传播，波阵面形状明显，如传播时间在 100μs 时的传播轨迹。当应力波传播至空洞部位时（坐标轴：x 在 10～14cm，y 在 10～16cm），此时波传播与开裂圆盘传播情况类似，由于出现空洞，应力波传播途径受空洞影响，传播时间比健康材长，且应力波通过绕射进行传播，使传播轨迹中空洞部位波阵面呈回收形状。空洞出现后，该区域应力波传播逐渐慢于其他方向的传播。图 3-16（d）为腐朽圆盘波前传播结果，图中波阵面无明显规律，与健康圆盘有规律的波阵面相比可判断，该圆盘内部为非健康材波阵面，因为应力波在此圆盘断面传播受腐朽影响使波阵面未形成规律性传播。此外，波阵面中存在两条环状密集线条区域，与开裂圆盘中开裂位置出现的波阵面形状相类似，此环状密集线条区域应为环形开裂形成的波阵面，另外波阵面中由于腐朽严重同时出现空洞情况。

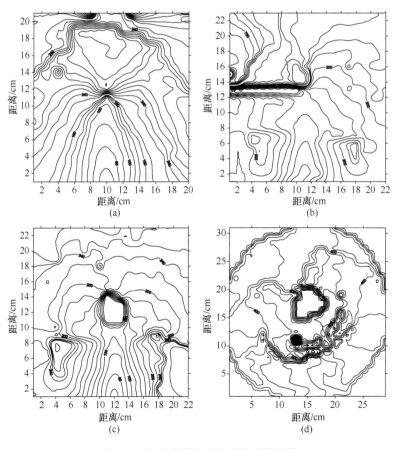

图3-16 胡杨木材断面应力波波前传播

（a）健康材；（b）开裂材；（c）空洞材；（d）腐朽；图中数字为应力波传播时间（μs）

（二）传播轨迹三维模拟

Kriging（克里格）插值法原理：在多种空间插值的数学方法中，由法国地理数学家 Georges Matheron 和南非采矿工程师 D. G. Krige 发明了一种用于地质统计学中矿品位的优化插值方法——Kriging 插值法[24]。克里格插值法建立在这样一个假设上：被插值的参数作为区域性的变量处理，区域变量的性质介于完全随机的量与完全确定的量之间，它的变化是连续的，因此相邻的点彼此之间具有一定程度的空间相关性，而相距较远的点之间是统计上独立的。

1. 变差模型

变差函数是通过平稳增量描述较大尺度的空间范围内随机变量的空间相关结构和随机性的有效工具。假定两点 x 与 $x+h$ 之间的方差只与距离 x 有关，记为

$$E[(f(x)-f(x+h)^2)]=2S(h) \tag{3-8}$$

式中，$S(h)$ 是半方差函数，亦称为变差函数。$S(h)$ 的估算公式为

$$S(h)=\frac{1}{2n}\sum_{i=1}^{n}[f(x)-f(x+h)]^2 \tag{3-9}$$

2. 插值方程组

当变差模型建立后，用于计算克里格插值的权函数，在普通克里格中采用的插值式为

$$F(x,y)=\sum_{i=1}^{n}w_if_i \tag{3-10}$$

式中，n 为测点的数量；f_i 为测点的值；w_i 为建立在模型变差基础上的权函数。式（3-10）表示估计值是观测数据的加权线性组合。

例如，假设在 P 点周围有 3 个已知测点 P_1、P_2 和 P_3，为对 P 点插值，3 点的权重为 w_1、w_2 和 w_3，任意两点 i 与 j 之间的模型变差记为 $S(d_{ij})$。由式（3-8）的无偏估计以及估计方差最小的原则，得到以下联立方程：

$$\sum_{i=1}^{3}w_iS(d_{ij})=S(d_{ip}) \qquad (i=1,2,3) \tag{3-11}$$

总权重必须为 1，得到方程：

$$\sum_{i=1}^{3}w_i=1 \tag{3-12}$$

式（3-11）中有 3 个未知量，引入 1 个松弛变量 λ（罚函数），方程变为

$$\sum_{j=1}^{3}w_jS(d_{ij})+\lambda=S(d_{ip}) \tag{3-13}$$

将方程式（3-10）和式（3-11）联立求解，得到权函数 w_1、w_2 和 w_3。最终，P 点的插值按式（3-14）计算：

$$f_P=w_1f_1+w_2f_2+w_3f_3 \tag{3-14}$$

通过如上方式，使用变差来计算权重，使得估计误差为最小二乘误差。因此，克里格估计又称为最佳线性无偏估计。

（三）三维模拟图像

采用 Golden Software Surfer 地理信息制图软件，对 4 种类型应力波传播轨迹进行三维模拟，使用克里格插值法，根据 1cm×1cm 网格节点处波速值进行插值处理后建立网格波速三维图像。图 3-17（a）为健康材圆盘网格波速三维图像，纵坐标为波速值，图中由边部向内突起部分是波速值较大的缘故造成，波速值越大网格越突起，中间部分由于髓心存在，波速值降低明显。图 3-17（b）为开裂材圆盘网格波速三维图像，图中左边显示出条形开裂，但与实际开裂尺寸相比，模拟图中开裂宽度较小且形成条形裂纹，因为通过插值处理后，波速值分布变得密集且开裂边上的木材属于健康材，波速较高部分抵消了开裂网格波速值，使图像中显示的开裂宽度变窄。图 3-17（c）是人工挖洞后网格波速三维图像，从图中可看出由于圆盘中间出现空洞无波速值，空洞位置大小清晰可见。图 3-17（d）为严重腐朽材圆盘网格波速三维图像，从图中可知，三维图像立体显示不明显，而是形成较为扁平的图像，因为大面积腐朽使波速值降低明显，导致三维立体程度不高。

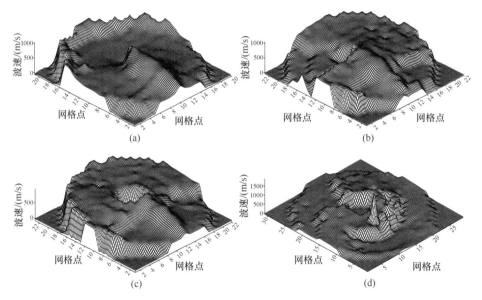

图 3-17　胡杨木材断面应力波波前三维图像
（a）健康材；（b）开裂材；（c）空洞材；（d）腐朽材

（四）二维图像重构

采用 Sigmaplot 10.0 软件对网格节点处波速进行作图，通过网格节点波速值（从激发点到接收点传播速度）对圆盘内部情况进行模拟。图 3-18（a）为健康材圆盘二维图像，图内黑色范围居多，没有明显低波速区域，图中白色线条内区域波速在 1000m/s 范围（坐标轴：x 在 3～12cm，y 在 8～12cm），此处波速值比其他部分区域圆盘高，图中右侧颜色以浅黑色为主，波速范围主要在 600～800m/s。图 3-18（b）展示了开裂材圆盘网格节点波速二维图像模拟结果，图中黑色区域范围分别在图内左边（坐标轴：x 在 0～7cm，y 在

4～18cm）和右下角部分（坐标轴：x 在 14～22cm，y 在 0～12cm），说明波速较高，而灰白色区域波速在 600～800m/s。开裂部分从图中可以清晰分辨出来，原因为开裂部分网格节点波速值为 0，因此在图中形成了白色条形区域（坐标轴：x 在 12～14cm，y 在 0～11cm）。对于空洞材网格节点波速图 [图 3-18（c）]，左边黑色区域波速范围约在 1000m/s，其余波速主要在 600～800m/s，在中间区域出现波速为 0m/s 值的圆形区域，空洞部位、大小和形状清晰可见。腐朽材圆盘网格节点波速图像内没有出现黑色区域，说明该圆盘断面波速值较低，图像内的环形开裂和空洞均能清晰显示出 [图 3-18（d）]。从中可知，以网格节点波速值构建的二维图像能够把缺陷部位、大小和形状直观地显示出，为应力波断层成像构建二维图像提供了可行性论证。

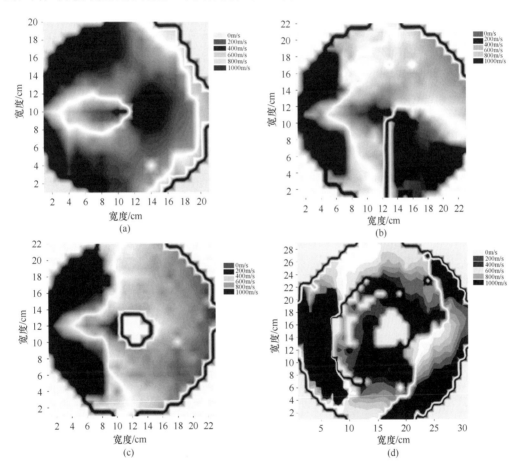

图 3-18 胡杨木材断面网格节点波速二维图像模拟
（a）健康材；（b）开裂材；（c）空洞材；（d）腐朽材

二、杨树树干断面应力波波前模拟

选取杨树生材圆盘（树干断面）共 6 个作为实验材料，圆盘存在大面积腐朽、髓心小面积腐朽、开裂等缺陷，杨树圆盘基本情况见表 3-9。

在断面上划分 2cm×2cm 网格，使用 Fakopp 2D 检测仪进行检测（激发和接收两个传感器），激发传感器布置在圆盘边上固定不动，接收传感器与断面呈 45°角钉入网格线

表 3-9 杨树圆盘基本情况

编号	周长/cm	厚度/cm	含水率/%	圆盘状况
1	114.0	10	48.2	小面积心腐
2	134.8	10	49.3	髓心腐朽及圆形开裂
3	113.0	10	50.2	健康
4	112.2	10	49.5	髓心轻度腐朽
5	91.4	10	42.2	髓心腐朽并存在细小开裂
6	94.1	10	48.7	大面积腐朽

节点处。使用敲击锤激发应力波，每检测点各敲击 3 次，记录应力波从激发点到接收点的传播时间，并测量激发点与接收点间距离，检测示意图如图 3-19 所示。当接收传感器检测位置与激发传感器呈一直线时，称该直线为中线（或径向）。

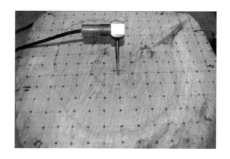

图 3-19 应力波在 2cm×2cm 网格传播时间检测

每节点所测量的传播时间取平均值后，根据网格节点分布把传播时间与节点调整相互对应，使用 Origin 8.0 软件对应力波传播轨迹以彩色二维图像进行模拟。使用 Matlab7.1 软件构建检测点结构图和波速三维曲面图像。

（一）树干断面应力波传播规律

通过两点检测方式，采集了在断面上以 2cm×2cm 网格分布的应力波传播时间，表 3-10 为断面 5 传播时间采集结果。激发点在（1，7）位置附近，由于激发点与接收点传感器相邻距离过小，此位置采集不到传播时间，但实际上该位置传播时间非零值。根据传播时间数据分布，采用 Matlab 软件绘制出断面检测点网格结构图，在结构图中各接收点位置分布情况可清晰显示出（如图 3-20 所示，仅以断面 5 结构图为例）。

为说明应力波在断面传播情况，以激发点为起点，按网格各点与激发点形成直线的路径（径向路径）作为中线，并把离中线左侧 2cm 距离和离中线右侧 2cm 距离的接收点所采集的传播时间作趋势图，分析应力波在树干断面传播情况。所采集 6 个断面传播时间趋势见图 3-21。由图中可看出，传播时间随检测距离增加而增大，但木材材质变异性使传播时间增加规律存在明显波动。当不存在缺陷情况下，中线接收点各传播时间均小于其左右两侧位置传播时间，但如果腐朽出现将使传播时间明显增加。断面 1 传播时间由接收点 1～10 呈逐渐增加趋势，但中线右侧第 7 个接收点除外，这是由局部细小缺陷造成。在接收点 11～15 中，传播时间突然明显增加，说明该区域有腐朽存在，腐朽的出现使波的传播受到影响，导致应力波传播速度降低。在接收点 15 之后传播时间呈

表 3-10　杨树断面 5 网格节点应力波传播时间　　　（单位：μs）

网格点	传播时间												
	1	2	3	4	5	6	7	8	9	10	11	12	13
1					90	39		43	85				
2			173	142	91	65	18	60	97	118	184		
3		241	196	161	122	76	28	66	114	175	210	232	
4	301	263	232	198	156	85	42	103	139	186	229	252	
5	333	286	269	213	177	106	54	146	174	212	243	287	312
6	357	334	296	246	226	155	69	201	205	242	266	321	331
7	383	364	314	301	236	97	92	228	255	280	303	338	178
8	248	388	335	291	132	243	114	114	271	293	325	372	175
9	214	447	381	372	389	157	375	143	153	334	168	188	
10	206	205	191	400	184	407	417	164	177	182	180	193	
11		211	211	218	444	447	433	199	198	197	203	205	
12		221	229	231	232	454	256	228	219	214	223	218	
13			243	244	257	255	239	234	230	232	231		
14				251	255	251	253	247	249	243			
15						260	257	253					

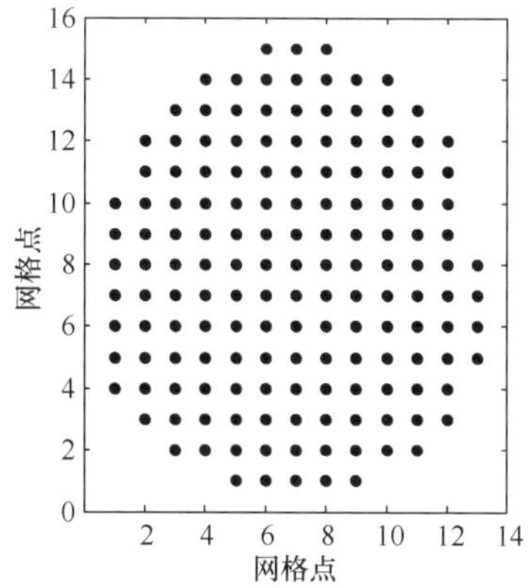

图 3-20　传播时间矩阵 2cm×2cm 网格结构图

小幅度增加，趋于合理的传播规律。在采集传播时间过程中，传感器采集应力波在木材内部传播的最小旅行时，即第一时间拾取首先到达接收传感器位置的应力波。波的传播并非直线传播而是曲线传播，当腐朽存在时曲线传播形式更为明显，此时第一时间到达接收传感器位置的波主要是沿腐朽区域外木材中传播而来。断面 2 传播时间呈递增趋势，接收点 12～14 出现明显递增趋势，但与断面 1 比较认为断面 2 中腐朽导致传播时间递增幅度较小，说明该部位腐朽面积及程度均小于断面 1。

断面 3 的中线右侧传播时间除接收点 1～6 出现突然增加外，其余接收点传播时间处于逐渐递增趋势，可知该断面未出现腐朽，波的传播以健康材变化方式传递。断面 4 和 5 与断面 1 传播时间趋势类似，在断面中间区域传播时间出现突然增加，即存在腐朽情况。断面 6 中线右侧出现突然增加趋势，而中线接收点 8 位置的传播时间为 0 值，原因是腐朽出现使木材严重败坏使传感器无法固定造成时间采集缺失。木材腐朽等缺陷

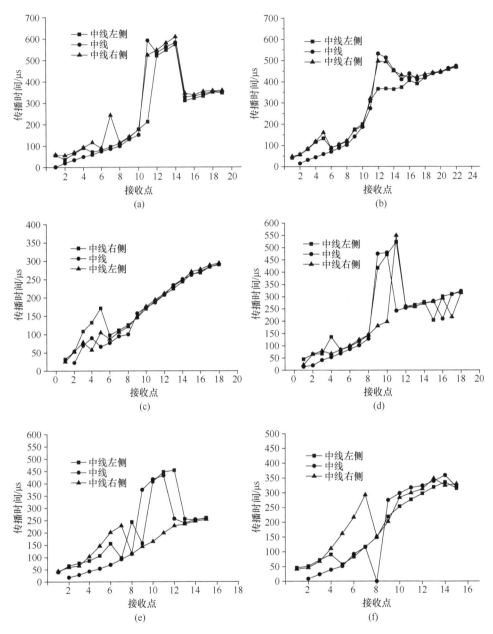

图 3-21 杨树 1~6 号断面应力波传播时间

影响应力波传播路径，断面中线（径向）传播时间低于其他方向传播，但中线路径存在腐朽或空洞后，传播时间增大幅度比其他路径更为明显。

（二）应力波传播轨迹

应力和应变扰动的传播形式，在可变形固体介质中机械扰动表现为质点速度的变化和相应的应力、应变状态的变化。应力波含有传播最快的纵波（P-wave）、次快的横波（S-wave）及传播速度最慢的表面波（瑞利波，R-wave）。其中纵波及横波是以波源为中心呈半球面的波前（wave front）向物体内部传播，而表面波则是沿着物体表面以圆形波向外传播且能量集中在表面附近。在各向同性且无缺陷理想材料中振源由激发点向半球面各方向传播，然而由于木材各向异性及构造变化比各向同性材料复杂，当缺陷出现后传播轨迹明显受到影响，使波传播形式也随之变化。

为模拟树干断面应力波传播形式，根据 2cm×2cm 网格采集传播时间作二维图像，即采用时间曲线方式表述某一时刻波动所达到最前方的各点所连成的曲面情况，结果见图 3-22。二维图像中使用蓝色至红色转变表示传播时间由低到高变化，图 3-22（a）中激发点在 x 坐标轴（0，8）上，应力波由激发点以半球形式向外传播，在没有遇到腐朽或空洞等缺陷情况下，同一时间内中线（径向）部位传播距离明显大于其余方向。当接收点与中线夹角越大时应力波传播越慢。由于波振面是以同一时间最快到达接收点时间作为表述，则通过图内曲线形成的传播形式可看出各方向上应力波传播快慢情况。在健康断面中，由于木材的各向异性，波振面并非完全按半圆形式规律地传播，在保持中线方向为传播最快方向外，其余方向往往受到影响导致波振面以不规则形式传播。对于杨树或部分髓心较为明显的树种，尽管为健康断面但当应力波传播经过髓心部位时，传播时间出现滞后现象，呈现髓心区域外传播快于经髓心方向的传播模式，此时经髓心后继续传播的应力波慢于其他方向传播［图 3-22（b）］，如果髓心部位材质坚硬则出现的滞后现象不明显［图 3-22（c）］。小面积腐朽对传播时间也有一定的滞后现象［图 3-22（d）］，当断面内存在严重腐朽时，应力波通过腐朽区域受到的影响更为明显，经过腐朽区域所需要的传播时间更长。从图 3-22（e）和图 3-22（f）可看出，应力波传播至腐朽区域前波振面为凸形面，经过腐朽区域后形成凹形面。

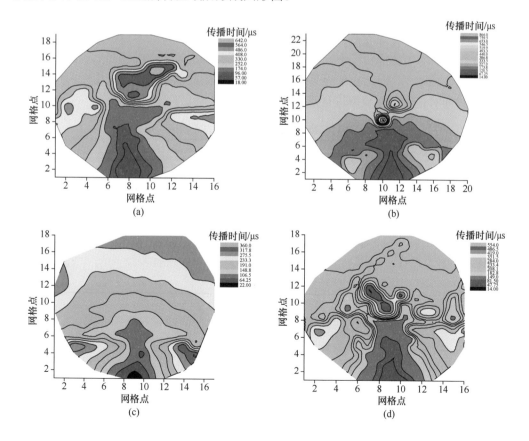

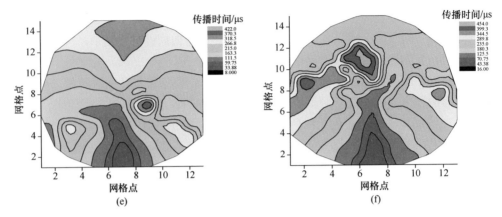

图 3-22 杨树断面 1～6 应力波波振面模拟

从模拟的波振面可知，健康断面应力波以半圆形式向外传播，然而由于木材结构复杂以及缺陷的存在，波振面根据传播路径及材质变化而变化，难以取得一致的变化模式。在树干断面上应力波传播复杂性还表现在波的传播可能出现不在一个平面上的传播方式，如当树干断面存在开裂或垂直孔洞时，应力波传播将绕过开裂或孔洞进行传播，形成曲面形波振面。

（三）树干断面应力波波速三维图像

表 3-11 为 6 个杨树断面应力波波速结果，各检测断面中线部位波速平均值分别为 1139m/s、1075m/s、1191m/s、1219m/s、1264m/s 和 1134m/s。从表可知，在同一断面上由激发点至接收点传播速度存在明显差异，这是由于传播角度、木材构造以及缺陷存在造成，在健康断面中传播角度不同波传播速度也明显不同，在中线位置上若没有缺陷存在，波速值差异不大。因此在使用单通道方法检测树干内部缺陷时，采用径向传播方式采集传播时间对是否存在缺陷进行诊断。

表 3-11 杨树断面网格节点应力波波速

编号	接收点数量	波速/（m/s）		
		最小值	最大值	中线平均值
1	239	362	1875	1139
2	337	384	2114	1075
3	239	370	1612	1191
4	229	384	2059	1219
5	153	445	2038	1264
6	157	322	2143	1134

图 3-23 是由激发点到接收点网格波速构建的三维曲面图像。从图 3-23（a）可知，在激发点附近中线波速明显比其他方向高，在遇到腐朽后形成低波速区，此时中线两侧波速高于腐朽区域。在无明显腐朽存在断面中，波速变化主要出现在激发点附近中线和中线两侧部位上，当接收点与中线间夹角逐渐变小后，中线与两侧的波速差异相应减小，除激发点附近波速区别明显以及髓心引起的小面积低波区外，其余区域波速变化趋于平

缓，见图 3-23（b）和图 3-23（c）。如果断面内存在两处或以上的轻度腐朽区域，波速曲面将出现更多的波动，形成没有规律的凹凸曲面，见图 3-23（d）和图 3-23（e），然而当大面积腐朽存在时，传播速度以腐朽木材的波速为主，此时曲面变化幅度不大，见图 3-23（f），但波速明显低于健康木材的传播速度。

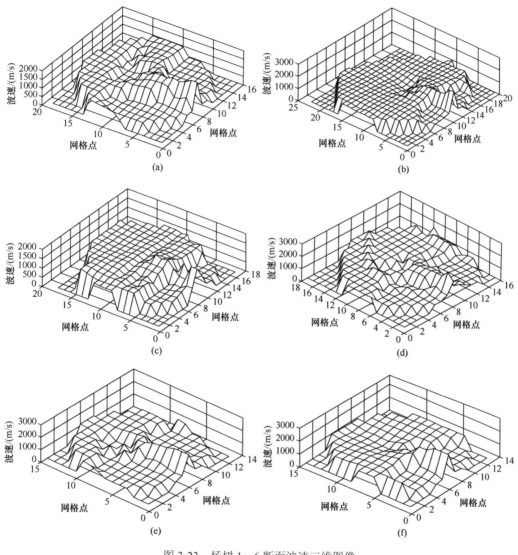

图 3-23　杨树 1～6 断面波速三维图像

综上所述，采用二维图像模拟应力波在树干断面传播波振面，健康断面应力波传播以半圆形式向外传播，然而由于木材结构复杂以及缺陷的存在，波振面根据传播路径及材质变化而变化，难以取得一致的变化模式。缺陷存在时，波振面变化更为复杂，当树干断面存在开裂或垂直孔洞时，应力波传播将绕过开裂或孔洞进行传播，形成曲面形波振面。波速三维曲面图显示了波速在断面分布大小，断面为健康材时曲面内中线波速最大，中线两侧波速逐渐变小，如果断面内存在轻度腐朽，曲面将形成没有规律的凹凸形状。当大面积腐朽存在时，传播速度以腐朽木材的传播速度为主，此时曲面变化幅度不大，但波速明显低于健康材的传播速度。

第四节 单路径应力波快速检测

应力波无损检测技术比其他无损检测技术成本低，携带方便，检测方法不受木材形状影响，不损坏被测木材，且传感器和被测木材之间不需要用任何耦合剂，所以应力波检测技术在木材的研究与应用至今依然被广泛关注和大力发展。国外研究者采用应力波检测技术对木材内部缺陷进行诊断与评价取得了一定成果，但我国采用应力波技术检测立木缺陷研究不多，尤其对古树名木的检测与评价更缺乏。采用单路径应力波法对树干内部缺陷进行快速检测，通过研究应力波传播时间、波速变化情况对缺陷进行判断与评价，探讨古树名木的快速检测与评价方法，为应力波断层成像检测提供初步诊断信息。

一、单路径应力波立木检测与评价

使用 Fakopp 2D 应力波检测仪采用单路径方法对 5 株胡杨立木进行检测，步骤如下：首先确定检测部位，使用小锤把传感器钉入树干内，使传感器与木质部连接稳固，传感器间夹角为 180°（径向方向），分别按南北方向（A-A′）和东西方向（B-B′）进行检测，敲击激发端传感器，记录传播时间，测量传感器间距离用于计算波速，每激发端各敲击 3 次，取平均值。本节中所提单路径应力波快速检测为采用两传感器进行的单路径四点交叉法，其检测点分布见图 3-24。应力波在木材中传播是一种动态过程，与木材的物理和机械性能有直接关系。通常应力波在健康材的传播速度比存在缺陷的木材中传播速度要快，通过测量立木树干径向传播时间能够对健康材和缺陷材进行比较准确的判断。当使用两个传感器检测时，在健康材中敲击产生的应力波在木材内部以径向（基线）形式向另一接收端传播，如果传播过程中遇到腐朽等缺陷时波的传播时间将明显增加，此时所需要的传播时间比在健康材中长[25]。

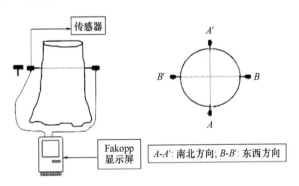

图 3-24 单路径应力波检测示意图

使用 Fakopp 单路径应力波对胡杨树干分别在南北（A-A′）和东西（B-B′）方向进行检测，结果见表 3-12。5 株胡杨立木单位长度传播时间和波速变化范围较大，东西和南北方向单位长度传播时间和波速平均值范围分别在 888～1340μs/m 和 751～1254m/s，其中树 1 和树 2 单位长度传播时间远大于其他 3 株立木。从波速结果可知，树 1、树 2

和树 3 均大于树 4 和树 5，其中东西方向的波速差异最明显，因此根据检测结果初步判定树 4 和树 5 立木为非健康材，但需要进一步根据健康评价值对健康状况进行评价。

表 3-12　单路径应力波检测立木结果

编号	直径/cm	南北		东西	
		单位长度传播时间/（μs/m）	波速/（m/s）	单位长度传播时间/（μs/m）	波速/（m/s）
1	23.7	983	1017	671	1491
2	27.0	1019	982	756	1324
3	20.6	1112	900	796	1256
4	40.5	1402	713	1222	818
5	30.2	1242	805	1437	696

为进一步判断立木内部缺陷情况，引入传播时间健康评价参考值（阔叶材：$T_0=1000D$ μs/m）对所检测的立木进行评价。如检测传播时间小于健康评价参考值，为健康材，标注为 "−"；传播时间大于健康评价参考值，为非健康材，标注为 "+"。结果见表 3-13。在 5 株胡杨检测中只有树 1 东西方向传播时间与评价参考值相等，其他方向均大于评价参考值，因此判断其余立木均属于非健康材。通过观测实际树干内部发现，树 4 和树 5 树干存在中空现象，为非健康树干，与诊断结果一致，而树 1、树 2 和树 3 未发现腐朽或中空，但为湿心材，因此可以判断由于湿心材的存在，应力波传播时间大于评价参考值。

表 3-13　单路径应力波评价

编　号	南北 传播时间/μs	东西 传播时间/μs	健康评价参考值/μs
1	233[+]	159[−]	159
2	275[+]	204[+]	181
3	229[+]	164[+]	138
4	568[+]	495[+]	271
5	375[+]	434[+]	202

注："−"，传播时间小于健康评价参考值，为健康材；"+"，传播时间大于健康评价参考值，为非健康材

从以上检测结果分析可知，单路径应力波法具有检测时间短、方便、有效、能够快速对树干内部情况进行有效判断等特点，对于古树名木的快速诊断，除使用健康评价参考值外可以通过建立树种健康立木径向单位长度传播时间或波速数据库作为健康评价参考值，用于缺陷诊断更具有准确性。

二、不同高度单路径应力波检测与评价

为对整个树干进行较为全面的诊断与评价，采用单路径应力波法对 5 株胡杨不同树干高度进行检测。表 3-14 为不同高度应力波检测结果总平均值，单位长度传播时间范围在 1020～1823μs/m，波速范围在 572～987m/s，最大单位长度传播时间出现在树 4 为 2285μs/m，波速为 765m/s，最小单位长度传播时间出现在树 2 为 914μs/m，波速为 827m/s，

检测样木中单位长度传播时间和波速差异均较大。不同高度上树 1、树 2、树 3、树 4 和树 5 波速范围分别在 743～1059m/s、827～1095m/s、790～1010m/s、444～765m/s 和 457～661m/s，从中可看出树 1、树 2、树 3 波速变化范围较为接近，而树 4、树 5 波速远小于前 3 株，对于采用波速来判断树干内部缺陷情况来说，树 4 和树 5 判定为非健康材，其余为健康材。

表 3-14 树干不同高度单路径应力波检测

编号	项目	最大值	最小值	平均值	标准差	变异系数	准确指数
1	单位长度传播时间/（μs/m）	1348	945	1046	17.31	1.66%	0.88%
	波速/（m/s）	1059	743	964	14.71	1.52%	0.81%
2	单位长度传播时间/（μs/m）	1218	914	1020	19.6	1.9%	1.2%
	波速/（m/s）	1095	827	987	17.7	1.8%	1.1%
3	单位长度传播时间/（μs/m）	1275	992	1156	10.5	2.7%	1.8%
	波速/（m/s）	1010	790	874	24.4	2.8%	1.9%
4	单位长度传播时间/（μs/m）	2285	1321	1823	67.33	3.69%	2.05%
	波速/（m/s）	765	444	572	20.93	3.66%	2.03%
5	单位长度传播时间/（μs/m）	2186	1512	1813	48.4	2.67%	1.61%
	波速/（m/s）	661	457	575	12.85	2.24%	1.35%

采用波速值判断各高度断面健康状况，关键是如何在健康材波速中选取作为判断腐朽的波速参考值，如果检测波速大于健康波速参考值，为健康材，反之为腐朽材。根据立木检测结果认为树 1、树 2 和树 3 树干胸径部位无腐朽为健康立木，而树 4 和树 5 有腐朽存在，在此基础上从健康立木中选取波速参考评价值（表 3-15），对 5 株胡杨树干不同高度断面腐朽情况进行整体评价。

表 3-15 树干不同高度单路径应力波波速

高度/cm	波速/（m/s）			高度/cm	波速/（m/s）	
	1	2	3		4	5
10	1011	1029	990	10	615	457
50	743	1009	1010	25	447	661
100	961	958	892	50	765	561
150	1059	1030	914	75	458	575
200	941	925	790	100	486	656
250	986	1095	842	125	552	578
300	997	1019	793	150	444	541
350	911	1006	836	175	660	547
400	1005	1029	798	200	596	566
450	1026	932	—	225	616	627
500	1001	827	—	250	609	553
550	929	—	—	275	592	—
600	1003	—	—	300	590	—
650	932	—	—	—	—	—

由于径向波速变化范围较大，对波速参考评价值的选取采用以下 3 种途径[26]。

（1）选取全部检测单株树干断面最小波速作为波速评价参考值（V_{ref}=743m/s）；

（2）选取全部检测单株树干断面最小波速平均值作为波速评价参考值（V_{ref}=874m/s）；

（3）选取全部检测树干总体平均波速作为波速评价参考值（V_{ref}=942m/s）。

为能清晰说明树干各检测高度断面的判断结果，使用选取的波速评价参考值与各检测值进行比较，比较后健康或腐朽断面表示如下。

（1）南北和东西方向径向波速均大于波速评价参考值标注为"–"，表示为健康断面；

（2）南北和东西方向径向波速有一个小于波速评价参考值标注为"*"，表示可能为腐朽断面；

（3）南北和东西方向径向波速都小于波速评价参考值标注为"**"，表示为腐朽断面。

不同高度波速与选取波速评价参考值比较结果见表 3-16～表 3-18。表中显示了应力波在树干不同高度波速与选取 3 个波速评价参考值对比结果。选取评价参考值为 743m/s 的结果见表 3-16，从表中可知树 1 树干高 50cm 处和树 3 树干高 200cm 处可能存在腐朽外，其余高度断面均无腐朽存在，树 4 和树 5 除高 10cm 和 50cm 显示可能有腐朽外其余高度评价结果均为腐朽材，而树 2 树干未出现腐朽或可能存在腐朽情况。

表 3-16　波速评价参考值为 743m/s 树干高度断面评价

高度/cm	评价结果			高度/cm	评价结果	
	1	2	3		4	5
10	–	–	–	10	*	*
50	*	–	–	25	**	**
100	–	–	–	50	*	*
150	–	–	–	75	**	**
200	–	–	*	100	**	**
250	–	–	–	125	**	**
300	–	–	–	150	**	**
350	–	–	–	175	**	**
400	–	–	–	200	**	**
450	–	–	—	225	**	**
500	–	–	—	250	**	**
550	–	–	—	275	V_{ref}	—
600	–	–	—	300	**	—
650	–	—	—	—		

选取评价参考值为 874m/s 和 942m/s 时结果见表 3-17 和表 3-18，从表中可知树 4 和树 5 均存在腐朽，与前面评价参考值为 743m/s 的评价结果相同，树 3 树干判断结果出现腐朽断面增多，树 1 和树 2 树干中仅有几处高度出现腐朽。从 3 个波速评价参考值的评价结果与锯解后实际观察对比可知，所选取的波速评价参考值均成功对树 4 和树 5 树干不同高度存在的腐朽进行判断，当选取总体平均值 942m/s 作为评价值时，树 1、树 2 和树 3 树干中部分高度判断结果出现了腐朽情况，但实际树干内部并无腐朽存在，而是湿心材存在导致误判为腐朽。

表 3-17 波速评价参考值为 874m/s 树干高度断面评价

高度/cm	评价结果			高度/cm	评价结果	
	1	2	3		4	5
10	—	—	—	10	**	**
50	**	—	—	25	**	**
100	—	—	—	50	**	**
150	—	—	—	75	**	**
200	—	—	**	100	**	**
250	—	—	*	125	**	**
300	—	—	**	150	**	**
350	—	—	**	175	**	**
400	—	—	**	200	**	**
450	—	—	—	225	**	**
500	—	*	—	250	**	**
550	—	—	—	275	**	—
600	—	—	—	300	**	—
650	—	—	—	—	—	—

表 3-18 波速评价参考值为 942m/s 树干高度断面评价结果

高度/cm	评价结果			高度/cm	评价结果	
	1	2	3		4	5
10	—	—	—	10	**	**
50	**	—	—	25	**	**
100	—	*	**	50	**	**
150	—	—	**	75	**	**
200	**	*	**	100	**	**
250	—	—	**	125	**	**
300	—	—	**	150	**	**
350	*	—	**	175	**	**
400	—	—	**	200	**	**
450	*	*	—	225	**	**
500	—	**	—	250	**	**
550	*	—	—	275	**	—
600	—	—	—	300	**	—
650	*	—	—	—	—	—

三、单路径应力波圆盘检测与评价

对 20 个胡杨圆盘进行单路径法检测结果见表 3-19，根据表中检测得出 A-A′和 B-B′方向的传播时间和波速结果，采用健康评价参考值和波速评价参考值（942m/s）对检测结果进行评价，并与圆盘实际情况对比，结果见表 3-20。

表 3-19　单路径应力波评价圆盘

编号	直径/cm	传播时间/μs		波速/（m/s）		健康评价参考值/μs
		A-A'	B-B'	A-A'	B-B'	
1	28.9	298	511	1045	531	194
2	42.6	434	429	927	921	285
3	30.3	386	361	814	809	203
4	31.2	324	506	968	520	209
5	31	234	427	1341	702	208
6	23.3	406	256	550	826	156
7	23.8	446	354	507	605	159
8	21.5	339	399	631	481	144
9	20.4	345	341	613	568	137
10	28.8	195	170	1343	1468	193
11	29.7	319	321	955	894	199
12	21.1	122	126	1681	1529	141
13	22.2	276	282	798	753	149
14	25.2	152	151	1651	1583	169
15	31.5	502	477	633	636	211
16	33.9	401	392	792	891	227
17	27.4	372	339	760	706	184
18	36.6	430	388	872	935	245
19	31	469	592	699	473	208
20	28.7	135	269	1687	1194	192

表 3-20　健康评价参考值和波速评价参考值评价结果

编号	传播时间		波速		观测结果
	A-A'	B-B'	A-A'	B-B'	
1	+	+	−	+	空洞
2	+	+	+	+	腐朽
3	+	+	+	+	腐朽，内裂
4	+	+	−	+	空洞
5	+	+	−	+	空洞
6	+	+	+	+	弧形开裂
7	+	+	+	+	环裂
8	+	+	+	+	空洞
9	+	+	+	+	空洞
10	+	−	−	−	健康材
11	+	+	−	+	腐朽
12	−	−	−	−	健康材
13	+	+	+	+	空洞
14	−	−	−	−	边裂
15	+	+	+	+	严重腐朽
16	+	+	+	+	空洞
17	+	+	+	+	空洞
18	+	+	+	+	空洞
19	+	+	+	+	严重腐朽
20	−	+	−	−	双心材，无腐朽

注：① "−"，传播时间小于健康评价参考值，为健康材。② "+"，传播时间大于健康评价参考值，为非健康材。③ "−"，检测波速大于波速评价参考值，为健康材。④ "+"，检测波速小于波速评价参考值，为非健康材

应力波可对存在腐朽或空洞圆盘进行有效诊断，采用健康评价参考值对检测圆盘诊断准确率较高，对存在腐朽或空洞的圆盘都能够准确诊断出为非健康材，但对边部条形开裂的圆盘，无法进行有效判断，如对 14 号圆盘判断结果。对于弧形开裂或环裂，仅诊断出为非健康材，不能分辨缺陷类型，如对 6 号和 7 号圆盘判断结果。采用波速评价参考值对严重腐朽和较大空洞能够准确诊断，但如果空洞直径较小，且空洞部位不在圆盘中间，往往会使诊断结果不明确或造成误判，如 1 号、4 号和 5 号圆盘采用波速评价参考值评价显示，两检测方向中仅有 B-B' 方向存在腐朽，而 A-A' 方向显示为健康材，最后对这 3 个圆盘评价结果判断为可能存在腐朽。这是因为空洞直径较小且不在圆盘中心位置，应力波传播路径没有经过空洞区域使检测波速为健康材波速，即单路径应力波传播路径无法对整个圆盘区域进行覆盖所造成的误判。

四、单路径应力波多点检测与评价

单路径应力波法应用于缺陷快速诊断是有效无损检测方法，但由于其检测仅为两个径向方向上的波速情况，没有能够对树干进行较全面诊断，将导致小面积腐朽或空洞无法检测，因此为提高检测准确性应采用多点检测方法对圆盘进行检测，以便提高应力波传播路径数量从而增加检测区域面积。为探讨应力波多点检测对树干内部缺陷进行诊断，采用 12 个检测点方式对 15 个圆盘进行多点检测（表 3-21）。

表 3-21　单路径应力波多点检测结果　　　　　　　　　　（单位：m/s）

编号	检测点间传播速度											观测结果
	1-2	1-3	1-4	1-5	1-6	1-7	1-8	1-9	1-10	1-11	1-12	
1	709	863	1121	1503	1335	1401	1365	1302	1140	995	747	健康
2	627	823	942	1176	1262	1362	1354	1276	1052	918	664	健康
3	795	960	1253	1434	1457	1525	1431	1311	1135	950	621	健康
4	700	899	1085	1216	1352	1427	1366	1242	1136	984	730	健康
5	719	909	1158	1335	1444	1421	1416	1280	1092	938	671	健康
6	817	802	861	801	680	970	669	740	796	812	768	腐朽，空洞
7	871	1041	1104	1115	1109	1034	1029	1105	1088	1066	852	腐朽，空洞
8	773	1115	1216	1157	1003	1024	1134	1236	1118	942	709	空洞
9	760	862	851	701	626	534	646	714	760	796	708	腐朽，开裂
10	771	886	881	759	731	711	796	830	865	931	792	腐朽，空洞
11	791	926	969	758	818	956	1067	781	875	751	788	空洞
12	661	663	810	700	570	515	679	763	760	435	627	空洞
13	799	831	850	811	910	1284	1142	950	816	541	746	腐朽，空洞
14	880	784	451	507	563	732	525	588	592	697	841	严重腐朽
15	797	904	816	659	573	816	847	631	787	912	878	严重腐朽

表 3-21 中 1~5 号圆盘为健康圆盘，12 个检测点中有 11 条路径波速值。为方便分析结果设圆盘均为圆形，把圆盘 12 等分后，以第 1 检测点为激发点沿顺时针方向依次检测至第 12 个检测点，各点在圆盘上的路径可以通过角度变化表示，即把 360° 角分为12 等份，每条路径与激发点依次呈 30° 角增加（30°，60°，…，330°），此时对相同角度

路径健康圆盘波速计算平均值，结果分别为 710m/s、891m/s、1112m/s、1333m/s、1370m/s、1427m/s、1386m/s、1282m/s、1111m/s、957m/s、687m/s。以健康材 12 个检测点平均波速作趋势图，见图 3-25。

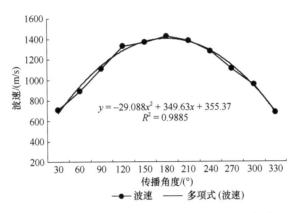

图 3-25　健康材单路径 12 个检测点波速变化趋势

径向应力波传播最快，波速为 1427m/s，波速随检测角度的增加呈先增加后减小趋势。以检测角度为自变量（x）、波速为因变量（y）作回归方程，得拟合方程式为 $y=-29.088x^2+349.63x+355.37$，相关系数 $r=0.9942$。此二项式方程是建立在健康圆盘波速传播规律上，因此可用该二项式对树干健康状况进行判断，对检测空洞、腐朽及开裂圆盘波速进行平均后作趋势图，并与健康圆盘变化趋势比较可知（图 3-26），存在腐朽、空洞或开裂的圆盘波速传播规律未呈先增加后降低的趋势，波速变化趋势没有满足函数曲线，认为可通过二项式函数及其趋势线对健康或非健康树干进行判断。

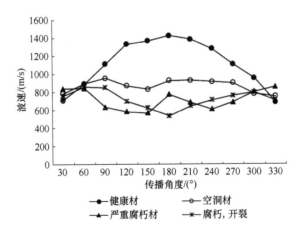

图 3-26　健康与非健康圆盘 12 个检测点波速趋势比较

主要参考文献

[1] Divos F, Divos P. Resolution of stress wave based acoustic tomography[C]//Proceedings of the 14th International Symposium on Nondestructive Testing of Wood, University of Applied Sciences, Eberswalde, Germany, May 2-4, 2005: 309-314.

[2] Liang S Q, Fu F. Comparative study on three dynamic modulus of elasticity and static modulus of

elasticity for Lodgepole pine lumber [J]. Journal of Forestry Research, 2007, 18(4): 309-312.

[3] 张婉婷, 王立海. 基于应力波的活立木力学特性无损检测研究进展[J]. 森林工程, 2014, 30(2): 48-51.

[4] Pellerin R F, Ross R J. Nondestructive evaluation of wood [M]. Madison: Madison Wisconsin Forest Products Society, 2002: 135-149.

[5] 徐华东, 王立海. 空洞对木材中应力波传播路径的影响[J]. 东北林业大学学报, 2014, 42(4): 82-84, 88.

[6] Liang S, Fu F. Strength loss and hazard assessment of Euphrates poplar using stress wave tomography [J]. Wood and Fiber Science, 2012, 44(1): 54-62.

[7] Wang X. Acoustic measurements on trees and logs: a review and analysis [J]. Wood Sci Technol, 2013, 47: 965-975.

[8] Rust S. A new tomographic device for the non-destructive testing of trees [C]//Proceedings of the 12th International Symposium on Nondestructive Testing of Wood, University of Western Hungary, Sopron, Hungary, September 13-15, 2000: 233-238.

[9] 刘泽旭, 邸向辉, 王立海, 等. 检测角对健康立木中应力波传播速度的影响 [J]. 东北林业大学学报, 2014, 42(4): 105-108.

[10] Liang S, Fu F. Relationship analysis between tomograms and hardness maps in determining internal defects in Euphrates poplar [J]. Wood Research, 2012, 57(2): 221-230.

[11] 马争鸣, 李衍达. 二步法射线追踪[J]. 地球物理学报, 1991, 34(4): 501-508.

[12] 许琨, 吴律, 王妙月. 改进 Moser 法射线追踪[J]. 地球物理学进展, 1998, 13(4): 60-66.

[13] 高尔根, 徐果明. 二维速度随机分布逐步迭代射线追踪方法[J]. 地球物理学报, 1996, 39(增): 302-308.

[14] 杨长春, 冷传波, 李幼铭. 适用于复杂地质模型的三维射线追踪方法[J]. 地球物理学报, 1997, 5(3): 414-421.

[15] 黄联捷, 李幼铭, 吴如山. 用于图像重建的波前法射线追踪[J]. 地球物理学报, 1992, 35(2): 223-233.

[16] 黄中玉, 赵金州. 矩形网格三点 Fermat 射线追踪技术[J]. 地球物理学进展, 2004, 19(1): 201-204.

[17] 孙小东, 李振春, 贾宝娟, 等. 波前构建法三维射线追踪[J]. 天然气工业, 2007, 27(增刊 A): 275-277.

[18] 李波涛, 杨长春, 陈雨红, 等. 基于波前面三角形网格剖分的波前重建法三维射线追踪[J]. 地球物理学报, 2009, 24(20): 507-512.

[19] 张东, 傅相如, 杨艳, 等. 基于 LTI 和网格界面剖分的三维地震射线追踪算法[J]. 地球物理学报, 2009, 52(9): 2370-2376.

[20] 杨政颖. 钢筋混凝土构件断层扫描之图像处理[D]. 桃园: 台湾"中央大学"硕士学位论文, 1992: 16.

[21] 尹纪超. 基于网格的球面波波前射线追踪方法研究[D]. 成都: 成都理工大学硕士学位论文, 2006: 9-10.

[22] Huang Y S, Chen S S, Chang C C, et al. Application of ultrasound for detection wood decay on the standing tree of *Casuarina equisetifolia* [J]. Quarterly Journal of Chinese Forestry, 1997, 30(4): 445-450.

[23] Bucur V, Janin G, Herbe C, et al. Ultrasonic detection of reaction wood in European species[C]// Proceedings of the 10th Congrès Forestier Mondial, Paris, 17-26 Dept, 1991.

[24] 周小文, 付晖. Kriging 法在大区域场地砂土液化范围判别中的应用研究[J]. 长江科学院院报, 2005, 22(4): 48-51.

[25] Wang X, Divos F, Pilon C, et al. Assessment of decay in standing timber using stress wave timing nondestructive evaluation tools—a guide for use and interpretation[R]. Gen. Tech. Rep. FPL-GTR-147. Madison, WI: U.S. Department of Agriculture, Forest Service, Forest Products Laboratory, 2004: 1-11.

[26] Wang X, Wiedenbeck J, Ross R J, et al. Nondestructive evaluation of incipient decay in hardwood logs [R]. Gen. Tech. Rep. FPL-GTR-162. Madison, WI: U.S. Department of Agriculture, Forest Service, Forest Products Laboratory, 2005: 1-11.

第四章　应力波断层成像技术诊断缺陷

单路径应力波法用于树干内部缺陷判断以波速数据为主，不能提供直观的数据图像。研究表明采用单路径应力波检测尽管能够对树干进行快速诊断，但由于传播路径少，仅能对树干内部部分缺陷面积进行诊断，为了增加检测可靠性及确定缺陷程度、大小和位置，需要应用多路径、多方向检测方式对树干断面进行检测，经图像重构后对缺陷的位置、大小和程度以彩色图像显示，通过图像结果能够直观、准确对树干内部缺陷进行诊断与评价。

断层成像技术是指通过从物体外部检测到的数据重构物体内部（横截面）信息的技术，也称为计算机辅助断层成像技术。该方法是数字计算技术、计算机图形技术相结合的产物，它是利用仪器在物体外部采集得到的物理场量，通过特殊的数字处理技术，重现物体内部物性或状态参数的分布图像。断层成像技术作为 20 世纪 70 年代国际四大科技成果之一，曾在医学上起到了划时代的作用，在土木工程、地球物理学等领域的研究也得到了快速发展[1]，是现今地理勘探、土木结构常用的无损检测方法。该技术使用不同数量传感器阵列，通过激发与接收波在检测对象内部传播物理量，通过数学计算方法，完成矩阵变换、图像重构等步骤，最终以二维或三维图像方式直观地显示物体内部缺陷。

林业工作者把 CT 成像、超声波断层成像、应力波断层成像等技术引入木材缺陷检测中，1998 年已出现声波成像技术（acoustic tomography）诊断木材腐朽的相关研究报道[2]，相应的检测设备及成像系统相继被研发，并运用到原木、立木、结构材的检测中。在应力波断层成像技术发展中由于其存在的诸多优势，该技术在木材检测方面得到快速发展。匈牙利、德国在实验室研究基础上开发了应力波断层成像检测系统，如 Fakopp 2D、ARBOTOM®和 PiCUS Sonic Tomography（SoT 系统）。这些检测系统的研发，使树干内部缺陷可视化成为现实，显著提高了立木缺陷识别与评价技术水平。我国在采用成像技术识别树干缺陷方面已进行一些基础性研究，从国外引进的技术及相关设备已应用到原木、立木和古建筑缺陷检测中[3-5]，但基础性研究和实际应用上还存在诸多问题需要深入研究和解决。

本章介绍 ARBOTOM®和 PiCUS Sonic Tomography 成像系统组成和原理，并对胡杨和杨树树干断面缺陷进行检测，依据二维图像结果分析缺陷识别方法，对初期腐朽、轻度腐朽和严重腐朽识别，探讨使用应力波断层成像技术对立木内部缺陷检测方法。

第一节　应力波断层成像基本理论

根据应力波的运动学和动力学特征，应力波断层成像方法可以分为两大类：一是以运动特征为基础的射线断层成像，二是以动力学特征为基础的波动方程断层成像。作为反演波穿透的射线断层成像，其基本思想是根据声波的射线几何运动学原理，将波从发射点到接收点的旅行时表达成探测区域介质速度参数的线积分，然后通过沿线积分路径进行反投影来重构介质速度参数的分布图像。应力波断层成像技术无损检测，就是根据应力波射线的几何运动学原理，利用先进的发射、接收系统，在被检测对象的一端发射，在另一端接收，通过多路径多角度扫描被检测体，然后利用计算机反演成像技术，呈现被检测体各微小单元范围内应力波速度，进而对被检测体作出质量评价。

一、波动方程原理

考虑波动方程：

$$\nabla^2 u(r,\omega) = \frac{1}{V^2(r)} \times \frac{\partial^2 u(r,\omega)}{\partial^2 t} \tag{4-1}$$

设速度 $V(r)$ 为常数，则 $u = Ae^{i\omega t}$ 是式（4-1）的一个解。若 $V(r)$ 是随空间变化的连续函数，则可近似认为不同频率 ω 的谐波虽有不同的振幅 $A_j(r)$，但有与振幅无关的相位，此时方程（4-1）有如下形式：

$$u(r,\omega) \approx \omega^\beta e^{i\omega t} \sum_{j=0}^{\infty} \frac{A_j(r)}{(i\omega)^j} \tag{4-2}$$

式中，t 为旅行时；β 为待定常数。

将式（4-2）代入式（4-1）得出：

$$\sum_{j=0}^{\infty} \left\{ \frac{A_j}{(i\omega)^{j-2}} \left[(\nabla t)^2 - \frac{1}{V^2(r)} \right] + \frac{\nabla^2 t A_j + 2\Delta t \nabla A_j}{(i\omega)^{j-1}} + \frac{\nabla^2 A_j}{(i\omega)^j} \right\} = 0 \tag{4-3}$$

令式（4-3）中 $\omega \to 0$（高频近似），则得

$$(\nabla t)^2 = \frac{1}{V^2(r)} \tag{4-4}$$

式（4-4）称为程函方程（eikonal equation），它描述了波前与波速分布的空间关系，反映旅行时（或传播时间）与速度分布的数量关系，因而它是旅行时与速度分布的基本关系式。波前的法线族定义为射线，因而程函方程定义了射线，而旅行时可看成是慢度 $S(r)$（速度的倒数）沿射线的积分，由此可得

$$t = \int_R \frac{1}{V(r)} dr = \int_R S(r) dr \tag{4-5}$$

式中，R 为积分路径。

二、成像区域网格剖分及理论旅行时计算

应力波断层成像理论目的是通过检测断面不同方向传播时间后，最终采用波速矩阵对图像进行重构。波从振源产生点 i（$i=1$，2，3，$\cdots$，n）传播到接收点 j（$j=1$，2，3，$\cdots$，n）过程中，假设把树干断面（传播面）沿传播方向分割成 k 个单元（$k=1$，2，3，$\cdots$，n），单元与应力波传播路径如图 4-1 所示。当波从振源点 i 传播到接收点 j 此

时传播时间可记为[6] t_{ij}，将成像区域和式（4-5）离散化得

$$t_{ij} = \sum_{i,j=n} l_{ijk} s_k \qquad (4\text{-}6)$$

式中，s_k 为第 k 个离散单元内的平均慢度（波速的倒数）；l_{ijk} 为第 i 条射线在第 j 个单元内的射线长度；n 为离散单元个数。

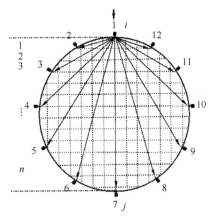

图 4-1　树干断面应力波传播途径示意图

整体单元慢度值受各个单元慢度值及传感器发射与接收精度的影响，即

$$\frac{\delta t_{ij}}{\delta s_k} = l_{ijk} \qquad (4\text{-}7)$$

当射线长度 l_{ijk} 以矩阵 $\boldsymbol{M}$ 形式表示，式（4-6）可以写成

$$\boldsymbol{s} = \begin{pmatrix} s_1 \\ s_2 \\ \vdots \\ s_m \end{pmatrix}, \qquad \boldsymbol{t} = \begin{pmatrix} t_1 \\ t_2 \\ \vdots \\ t_n \end{pmatrix}, \qquad \boldsymbol{M} = \begin{pmatrix} l_{11} & l_{12} \cdots & l_{1m} \\ l_{21} & l_{22} \cdots & l_{2m} \\ \vdots & \ddots & \vdots \\ l_{n1} & l_{n2} \cdots & l_{nm} \end{pmatrix}$$

$$\boldsymbol{M}\boldsymbol{s} = \boldsymbol{t} \qquad (4\text{-}8)$$

式中，$\boldsymbol{M}$ 是 $n \times m$ 阶雅可比（Jacobi）矩阵，其元素 a_{ij}（$i =1$，2，3，$\cdots$，n；$j =1$，2，3，$\cdots$，m）是第 j 个单元慢度 s_j（模型参数）对第 i 个旅行时 t_i（观测值）的贡献量，此处等于 l_{ijk}。$\boldsymbol{s} = (\boldsymbol{s}_1, \boldsymbol{s}_2, \cdots, \boldsymbol{s}_m)^{\mathrm{T}}$ 是待求的离散单元慢度值（模型参数向量）；m 是离散单元的个数；$\boldsymbol{t} = (\boldsymbol{t}_1, \boldsymbol{t}_2, \cdots, \boldsymbol{t}_n)^{\mathrm{T}}$ 是各射线旅行时（观测值向量）；n 是射线个数。慢度 s_j 由公式（4-9）决定：

$$s_j = \frac{\sum_{i=1}^{m} \mathrm{sgn}(l_{ij}) s_i}{\sum_{i=1}^{m} \mathrm{sgn}(l_{ij})} \qquad (4\text{-}9)$$

此时，如果 $x > 0$，$\mathrm{sgn}(x) = 1$；如果 $x = 0$，$\mathrm{sgn}(x) = 0$。s_i 为各单元线慢度的平均值。

当把初始值 s^{ini} 输入变换公式中，传播时间理论计算值 t^{th} 可计算得到，理论计算值与实测值之差（拟合残差）为

$$\Delta t_i = t_i^{\mathrm{ob}} - t_i^{\mathrm{th}} \quad (i = 1, 2, 3, \cdots, n) \tag{4-10}$$

式中，t_i^{ob} 为第 i 条射线的实测值。

构造旅行时扰动和速度扰动方程，式（4-8）可写成如下形式：

$$M\Delta s = \Delta t \tag{4-11}$$

采用适当的线性方程组求解方法，由式（4-11）解出 Δs 后，代入式（4-12）对初始模型参数进行修正：

$$s = s_0 + \Delta s \tag{4-12}$$

进行迭代计算，直到旅行时观测值与理论计算值之差小于预先给定的某个小量，这时的模型参数 S 即为最终慢度分布结果，取其倒数得速度分布用于成像输出[7-9]。

第二节　应力波断层二维图像检测

一、ARBOTOM®测试方法

选取胡杨气干圆盘 15 个作为应力波断层成像二维图像检测试件，圆盘中分别有健康、腐朽、空洞和开裂 4 种类型。使用德国 ARBOTOM 应力波测定仪检测圆盘内部情况，检测步骤如下所述。

（1）用皮尺测量所检测圆盘水平周长；

（2）在圆盘上选定检测点部位，检测点保持在同一高度上，并标上标志；

（3）将钢钉按标志位置沿顺时针方向钉入圆盘木质部内，直至钢钉与木材部连接稳固；

（4）将传感器按序号沿顺时针方向依次悬挂到钢钉上，将传感器相互连接，1 号传感器与数据采集器相连，数据采集器与计算机连接（图 4-2 和图 4-3）；

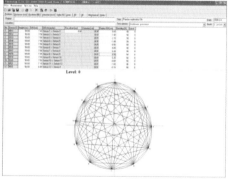

图 4-2　应力波断层二维图像检测示意图

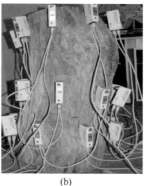

(a)   (b)

图 4-3 应力波断层三维图像检测示意图

（5）打开应力波检测设备主控开关，打开计算机并运行 ARBOTOM 软件系统，按照软件系统操作顺序，先使用尺子测量传感器间弧长，并把弧长输入软件中，形成以各段弧长围成的以半径为 R 的圆形；

（6）在圆盘大致中间位置设定一中心点，测量该中心点到各传感器间的距离（R'），通过使用弧长形成圆的半径 R 减去 R' 求出半径差异值，输入差异值把圆形调整为与实际圆盘形状相似，并把两传感器间弧长弯曲角度设为 90° 以提高模拟相似度；

（7）切换到传播时间选项，点击开始测量按钮，用小锤依次敲击每个传感器上的振动棒，每个传感器敲击 5～8 次，记录每次敲击的传播时间，传播时间误差率应小于或等于 3%；

（8）根据记录传播时间计算并重构圆盘内部情况图像，保存结果，关闭开关，依次取下传感器，重复上述步骤，对所选取的圆盘进行检测。

软件实验分析过程如下：以胡杨健康材为例，介绍应力波断层成像检测木材内部情况及分析过程。根据上述步骤，测量传感器之间弧长，输入到 ARBOTOM 软件中，对以弧长计算出的圆形树干进行形状调整如图 4-2 所示，通过软件计算出传感器之间直线距离（表 4-1）。使用小锤敲击传感器振动棒 5～8 次后，所得传感器间传播时间平均值（表 4-2）。传播时间数据由 ARBOTOM 软件进行自动过滤，按误差率≤3%采用有效传播时间进行波速计算（表 4-3）。经过处理后传感器间波速矩阵结果见表 4-4，图像通过传感器间应力波传播路径网格节点波速进行重构，检测点越多波速节点越多，区域检测结果越能反映真实情况，对不同的波速定义相应颜色范围，最后通过彩色图像显示树干内部缺陷结果。

表 4-1 传感器间距离 （单位：cm）

传感器	传感器（编号）											
	1	2	3	4	5	6	7	8	9	10	11	12
1		7	13	19	24	27	28	27	24	18	12	6
2	7		7	13	19	24	26	27	26	22	17	12
3	13	7		6	13	19	23	26	26	24	21	18
4	19	13	6		7	14	19	24	26	26	24	22
5	24	19	13	7		7	14	20	24	26	26	26
6	27	24	19	14	7		7	15	20	24	26	28

续表

传感器	传感器（编号）											
	1	2	3	4	5	6	7	8	9	10	11	12
7	28	26	23	19	14	7		8	14	20	24	27
8	27	27	26	24	20	15	8		8	14	20	25
9	24	26	26	26	24	20	14	8		7	14	20
10	18	22	24	26	26	24	20	14	7		7	14
11	12	17	21	24	26	26	24	20	14	7		7
12	6	12	18	22	26	28	27	25	20	14	7	

表 4-2　传感器间应力波传播时间　　（单位：s）

传感器	传感器（编号）											
	1	2	3	4	5	6	7	8	9	10	11	12
1		122	171	225	325	288	282	294	309	301	200	204
2	185		100	178	293	260	260	287	307	313	232	192
3	245	110		108	219	218	230	280	299	310	253	257
4	349	201	125		144	186	217	283	328	344	278	309
5	353	221	161	94		111	165	240	299	337	276	302
6	367	251	207	161	134		113	203	270	329	286	316
7	382	269	231	205	224	172		134	209	288	273	318
8	377	276	259	248	297	197	120		122	230	244	304
9	357	259	249	259	320	225	165	114		167	222	288
10	303	225	220	235	311	251	198	183	135		135	219
11	262	202	207	226	311	267	238	229	232	242		134
12	226	183	202	238	327	290	286	290	291	263	231	

表 4-3　传感器间应力波传播时间误差　　（单位：s）

传感器	传感器（编号）											
	1	2	3	4	5	6	7	8	9	10	11	12
1	0	0	0	1	0	0	1	1	0	0	0	1
2		1	1	1	1	0	1	1	0	0	0	0
3	1		1	0	0	0	0	0	0	0	1	0
4	0	0		0	0	0	1	1	0	0	0	0
5	0	0	1		2	0	0	0	1	0	0	0
6	0	0	1	0		1	0	0	0	0	0	0
7	0	0	0	0	1		0	0	1	0	0	0
8	0	0	0	0	0	0		1	0	0	0	
9	0	0	0	0	0	0	0	0		1	0	0
10	0	0	0	0	0	1	0	0	0		2	0
11	0	0	0	0	0	0	0	0	0	0		1
12	0	0	0	0	0	0	0	0	0	1	0	

表 4-4　传感器间应力波波速 　　　　（单位：m/s）

传感器	传感器（编号）											
	1	2	3	4	5	6	7	8	9	10	11	12
1		584	776	843	742	946	1000	927	770	607	610	291
2	385		668	729	651	912	1019	958	846	704	749	647
3	541	607		597	595	858	998	918	873	773	829	684
4	544	646	516		482	728	884	835	790	744	872	723
5	683	863	810	738		657	858	840	814	771	960	870
6	742	945	904	841	544		661	717	752	726	919	883
7	738	985	993	936	632	434		567	694	685	875	857
8	723	996	993	953	679	739	633		623	617	812	814
9	666	1003	1048	1000	760	902	879	667		438	627	693
10	603	980	1089	1089	836	952	997	775	542		514	617
11	466	860	1013	1073	852	985	1004	866	600	287		508
12	263	678	870	939	803	962	953	853	686	514	295	

　　应力波断层成像技术能够对不同树干形状进行模拟，且模拟相似程度较高。通过多方向多路径检测方式对圆盘进行扫描，布置检测点越多，各传播路径射线越多，路径射线间的交叉点分布（或节点分布）越密集，形成网格状覆盖整个树干断面中各个区域，节点分布多少表示波速值在断面分布的密集情况，圆盘内网格节点区域如图 4-4 所示。

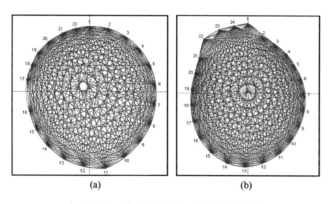

图 4-4　应力波断层成像圆盘网格区域

二、SoT 系统测试方法

　　SoT 系统由 4 个基本部分构成：电子冲击锤、传感器阵列、数据采集系统和成像计算机。图 4-5 为一个配备 12 传感器的 SoT 系统（PiCUS Sonic Tomography）。电子冲击锤用于敲击传感器振动棒，激发瞬时应力波。传感器陈列负责测量任一对传感器间应力波的传播时间，在数据采集系统运行中获得在不同位置的投影数据，并通过计算机图像重构算法进行图像重构和显示。成像系统有 N 个传感器陈列时，测量传播时间的独立值为 $N(N-1)/2$ 个数值，这些测量数据是波在木材内部传播过程的反映，采集成像数据后计算出波速在断面分布，结合成像算法重构出被测断面信息分布图。SoT 系统在一个完整的测量过程中，1 号传感器首先被选作激发端，分别对传感器 1-2，1-3，…，1-12 间的传播时间进行测量。然后选择 2 号传感器作为激发端，分别对传感器 2-3，2-4，…，2-12，2-1 间进行测量。依此类推，直至完成全部 12 个传感器间的测量。在配备 12 个传感器系统中可获得 66 个独立的测量值。传感器数量越多，测量值越多，在一定程度上成像结果越能体现实际物体信息。

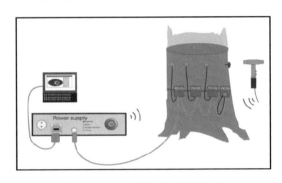

图 4-5 SoT 断层成像系统组成

SoT 系统成像首先需要对树干轮廓进行模拟，模拟方法根据树干形状和大小分为一基线法和三基线法。一基线法是以两检测点形成直线方式把树干分成两半，以该两检测点为起始点分别测量各点间距离来模拟树干形状。三基线法是以 3 个检测点形成三角形的测量方式把树干分成 4 部分，以三检测点为起始点分别测量检测点间距离来模拟树干形状（图 4-6）。SoT 成像系统根据传感器陈列发射应力波的路径在树干断面形成网格状，当 12 个传感器陈列中以其中之一作为振源就产生 11 组传播路径及相应的测量值。波的传播速度可根据大小赋予颜色变化，可以是灰度或 RGB 形式（红绿蓝）（图 4-7）。灰度或 RGB 颜色变化由波速引起，灰度越深波速越大（传播时间越短），RGB 颜色中蓝色至褐色为低波速至高波速变化。

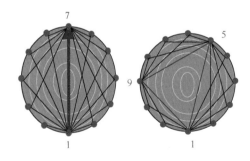

图 4-6 SoT 断层成像系统一基线和三基线示意图

SoT 系统根据树种来选择最接近频率，通常采用频率范围在 1～3kHz。波速主要与弹性模量和木材密度建立相关关系：

$$v = \sqrt{\dfrac{E}{p}}$$

式中，v 为应力波波速（m/s）；E 为弹性模量（GPa）；p 为木材密度（g/cm^3）。弹性模量受腐朽影响，腐朽越严重弹性模量值越低，初期腐朽也对弹性模量造成一定影响[10]。SoT

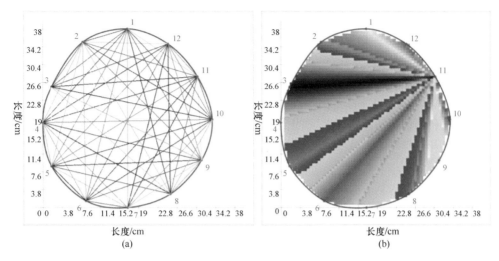

图 4-7 SoT 断层成像系统 12 阵列传播路径

系统数据采集界面如图 4-8 所示,由振源激发的应力波传播到其余接收点的时间被记录,由于应力波在树干断面传播中以曲线传播,采集振源点至接收点最短传播时间,图 4-9 为采用 12 个传感器的 SoT 系统检测断面和修复后木段传感器列阵布置。

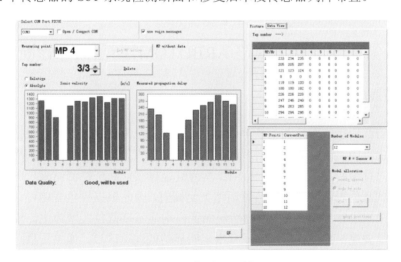

图 4-8 SoT 系统数据采集界面

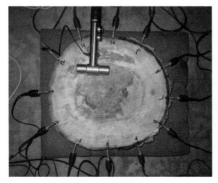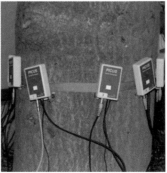

图 4-9 SoT 系统检测杨树和修复前泡桐

德国 Argus Electronic GmbH 生产的应力波树木断层成像诊断装置（PiCUS Sonic Tomography）检测步骤如下所述。

（1）确定检测位置，用皮尺测量所检测树干部位周长并计算断面直径；

（2）对检测断面按 12 等分（编号 1，2，3，…，12）将钢钉沿逆时针方向钉入木材内部，直至钢钉与木材连接稳固；

（3）将传感器固定皮带在检测部位上方围绕一圈，按序号沿逆时针方向依次将传感器与钢钉连接，1 号传感器与数据采集器相连，数据采集器与计算机连接，12 号传感器与脉冲锤连接；

（4）运行 PiCUS Sonic Tomography 软件，打开数据采集器，依照软件系统操作顺序，先设定断面基本信息（包括周长、直径、高度等），并使用 PiCUS 角规仪测量传感器间距离，用于模拟树干断面形状；

（5）完成断面形状模拟后，转换至传播时间采集选项，用脉冲锤依次敲击每个传感器上的振动棒，每个传感器敲击 3 次，PiCUS Sonic Tomography 软件（Version Q71.9）自动记录每次敲击的传播时间，并计算波速；

（6）重构树干断面内部图像，保存结果，关闭开关，依次取下传感器，重复上述步骤，对其他部位进行检测；

（7）3 个木段修复前检测完成后，填充修复材料固化后在相同部位再次进行检测。

第三节　胡杨缺陷 ARBOTOM® 断层成像诊断

一、二维断层成像

采用应力波断层成像检测胡杨健康材、腐朽材、空洞材及开裂材，根据波速值大小赋予不同颜色范围，经过图像重构后以彩色二维图像直接显示检测结果，能直观地对树干内部情况进行诊断。图 4-10～图 4-12 均为健康材圆盘断层检测结果，图中颜色棒内紫红色过渡到蓝色表示波速由低值逐渐增大至高值，因此根据颜色变化可对图像内各区域是否存在缺陷进行判断。3 个圆盘断层图像内均显示以蓝色区域为主。说明圆盘在各检测路径上的波速平均值均较高，没有出现明显的低波速区域，如果传播路径中出现波速变化，图像中能够表现出来，如断层图像中间部位区域，尽管圆盘内部没有腐朽、空洞等缺陷存在，但由于树干髓心明显，且髓心附近材质较差使经过髓心路径应力波波速下降，因此从断层图像中可见，图内中间部位显示为小面积的绿色区域，则为髓心区域。胡杨树干心边材较为明显，从 3 个健康材圆盘照片中可以区分心材与边材界线，但从断层图像结果来看，图像区域内无法对心边材进行划分。原因是由于断层成像检测中应力波在树干中传播路径由多路径组成，部分传播路径均经过心材和边材，而用于图像重构的波速值均使用平均值并没有把心边材波速进行区分，因此运用波速对圆盘进行重构得到的断层图像对心边材未能进行有效区分。

对腐朽材圆盘检测结果如图 4-13～图 4-15 所示。图 4-13 是使用 12 个传感器检测腐朽材 4 号圆盘结果，从图可看出中心部位出现明显低波速值区域，断层图像中从传感器 3 到传感器 11 范围存在不同程度腐朽，显示为红色或黄色，在传感器 5 到传感器 8 之间

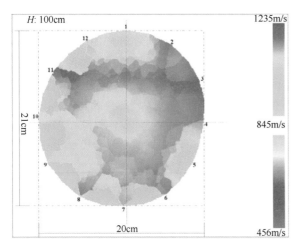
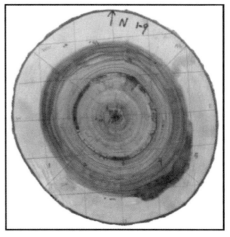

图 4-10　应力波断层图像与 1 号健康材圆盘照片对比

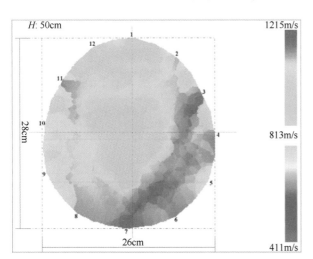

图 4-11　应力波断层图像与 2 号健康材圆盘照片对比

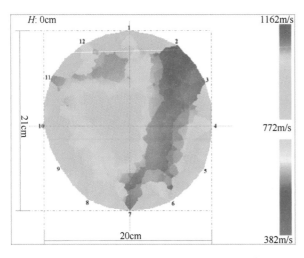

图 4-12　应力波断层图像与 3 号健康材圆盘照片对比

边部木材腐朽最为严重，由圆盘观察结果判断该圆盘边部区域腐朽为白腐。此外，圆盘髓心附近区域为红色，说明存在严重腐朽，腐朽部位和大小均可在断层图像中显示出。

图 4-14 和图 4-15 均采用 24 个传感器进行检测，图 4-14 为 5 号圆盘断层图像与圆盘照片比较，圆盘内部存在大面积腐朽，且由于腐朽严重，导致圆盘内木材开始呈絮状脱落，形成环形裂隙。断层图像中腐朽显示区域位置与圆盘照片腐朽区域部位相比基本一致，传感器 23 到传感器 3 间（断层图像中的北向）及传感器 9 到传感器 16（断层图像中的南向）部位区域呈蓝色，说明此两部分木材受到腐朽菌侵蚀不严重。

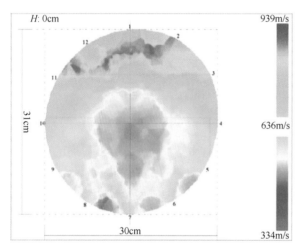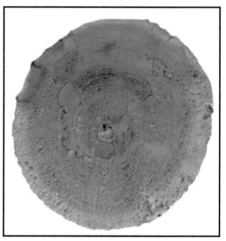

图 4-13 应力波断层图像与 4 号腐朽材圆盘照片对比

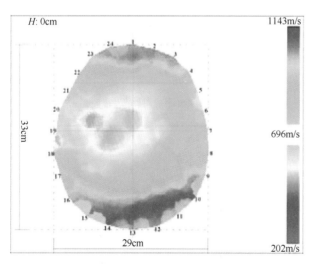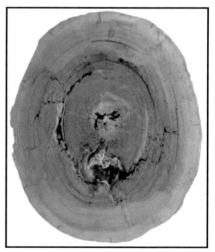

图 4-14 应力波断层图像与 5 号腐朽材圆盘照片对比

图 4-15 中断层图像把腐朽区域部位和大小展示出来，断层图像中腐朽区域与圆盘照片区域部位相符，且传感器 1 和传感器 7 传播路径通过圆盘内空洞部位，这与断层图像结果展现一致。但从实际情况来看，圆盘内由于腐朽引起材质松散所形成的环形开裂在断层图像中未能明显显示出，环形开裂与严重腐朽在断层图像中的颜色区分不明显。因为在应力波传播中波速在大面积腐朽区域的传播时间显著变长，且腐朽形成开裂

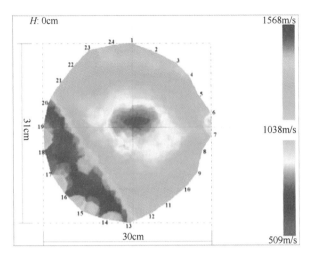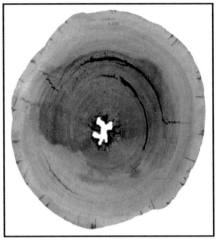

图 4-15　应力波断层图像与 6 号腐朽材圆盘照片对比

区域的波速与严重腐朽区域波速大小差异不大，相对波速值颜色变化过渡不明显，因此使严重腐朽区域中开裂部位区分不明显。

采用应力波断层成像检测空洞材结果发现，应力波对圆盘空洞大小和位置能够有效检测，图 4-16 为 7 号空洞材圆盘采用 24 个传感器检测结果。圆盘中左侧部位存在空洞，除空洞部位及其附近存在一定程度腐朽材外，其余木材无明显腐朽症状，断层图像展示空洞部位呈现红色区域，与圆盘空洞部位相一致，而由于空洞边上木材存在一定程度腐朽，图像中显示为浅红色。图 4-17 和图 4-18 为 8 号和 9 号圆盘断层图像与圆盘照片对比，两圆盘内部均存在大面积空洞，断层图像中呈现大面积红色区域为空洞区域，红色区域部位、大小与实际空洞部位、大小相比具有较高的相似性，因此对于树干内部存在大面积空洞，应力波断层成像技术能够进行有效检测。

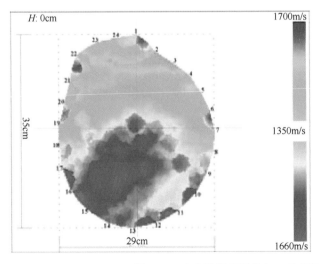

图 4-16　应力波断层图像与 7 号空洞材圆盘照片对比

采用 22 个传感器对 10 号开裂材圆盘检测结果如图 4-19 所示，图中圆盘开裂平均宽度为 1.7cm，长度为 10.2cm。断层图像中大部分区域均显示为蓝色，而在传感器 16

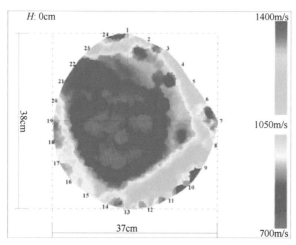
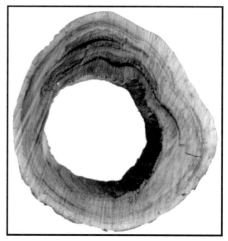

图 4-17 应力波断层图像与 8 号空洞材圆盘照片对比

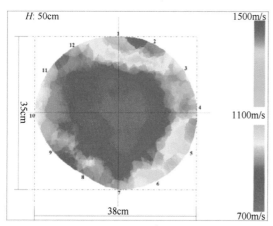

图 4-18 应力波断层图像与 9 号空洞材圆盘照片对比

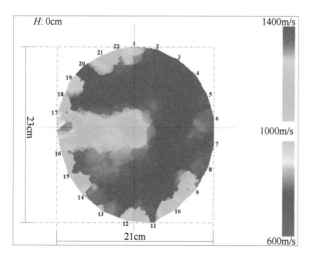
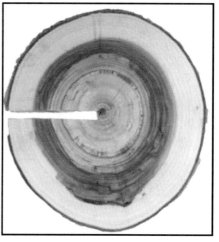

图 4-19 应力波断层图像与 10 号开裂材圆盘照片对比

和传感器 17 之间出现条形绿色区域,其形状从图像边部向中心延伸,与圆盘照片相比较可知此部位为开裂部位所在。断层图像中显示的开裂比实际开裂要宽,这是由于开裂存在使应力波传播波速降低,通过开裂区域射线交叉点波速低于健康材部分,在图像重构中开裂边上健康材波速被开裂部位波速影响,使该部位颜色与健康材颜色区别开。从断层图像中也可看出,开裂延伸至圆盘髓心时,显示的绿色区域变大,这是开裂和髓心均使波速降低的原因所致。图 4-20 为使用 12 个传感器对 11 号开裂材圆盘检测结果,开裂形状为 V 形,端口宽 1.8cm,开裂长 7.5cm,采用 12 个传感器检测结果发现开裂部位检测结果不明显,开裂位于传感器 4 和传感器 5 间,在断层图像上传感器 4 和传感器 5 间颜色显示有小面积区域为低波速范围,可判断为非健康材,然而传感器 5 和传感器 6 间颜色与传感器 3 和传感器 4 近似,从中可知开裂使应力波传播时间增加,波速降低,导致开裂附近材质波速受到影响。

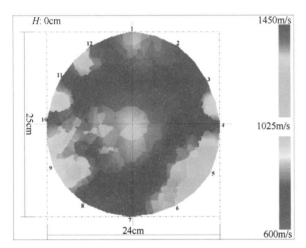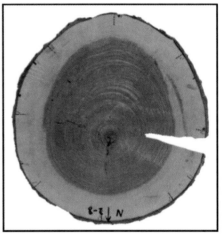

图 4-20 应力波断层图像与 11 号开裂材圆盘照片对比

二、三维断层成像

对树干不同高度位置同时进行两断面或三断面断层成像检测能够对树干内部立体剖面进行全方位诊断,选取 0°、45°、90°和 135° 4 个方向立体剖面分别对应力波断层三维检测结果进行分析。图 4-21 为 2 号树干通过三断面布置检测得到的三维剖面彩色图像,图中高度方向上 3 条横虚线分别表示为 0cm、30cm 和 60cm 横断面。0°和 90°剖面横断面直径为 26cm、45°和 135°分别为 27cm 和 24cm,检测间隔高度为 60cm。从 0°剖面图像看,底部横断面中间部位出现红色区域,说明该剖面上存在低波速区,而 45°、90°和 135°方向剖面结果没有出现红色区域,说明树干内部没有出现严重腐朽情况,但三维剖面图内显示树干中间部分比边部区域颜色浅,为浅红色(颜色代表意义与二维图像颜色棒类似),说明中间部分木材波速值比边部低。与树干剖面照片相比可知 [图 4-22(a)],应力波三维断层图像诊断情况与实际情况相符,树干内部无严重腐朽存在,断层图像中间颜色比边部深是由于湿心材存在使波速下降,且髓心部位木材较为松软,因此显示为浅红色但树干内部无严重腐朽存在。

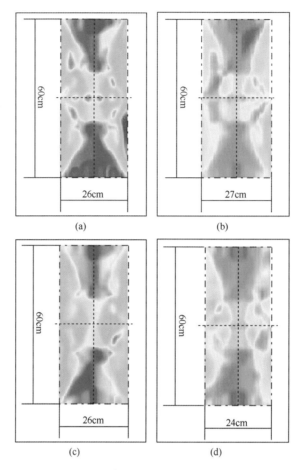

图 4-21　2 号健康树干应力波三维检测剖面结果
（a）0°方向；（b）45°方向；（c）90°方向；（d）135°方向

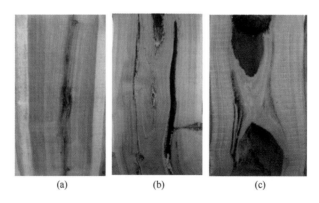

图 4-22　三维检测 2 号健康树干立体剖面照片

　　图 4-23 是 4 号树干通过三断面检测得到的应力波三维剖面彩色图像，图中高度方向上 3 条横虚线分别表示 0cm、20cm 和 40cm 横断面，0°和 90°剖面横断面直径为 31cm，45°和 135°横断面直径为 30cm，检测树干间隔高度为 40cm。由三维剖面检测结果可知，4 个方向图像内均出现红色区域，说明检测树干内部存在腐朽。从 0°剖面方向看，高度 0cm 部位腐朽程度比 40cm 部位严重，20cm 部位腐朽程度略轻，尤其在 90°方向剖面表

现更为明显。45°和90°方向剖面腐朽程度均大于0°和135°方向。从0°方向三维剖面图像与检测部位锯解照片对比可知,树干内部存在严重腐朽,且部分已经形成空洞,剖面照片内有条形开裂,检测底部腐朽程度比顶部严重。

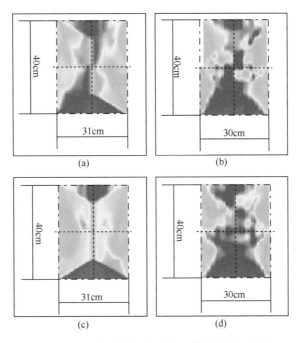

图4-23 4号腐朽树干应力波三维检测剖面结果
(a) 0°方向; (b) 45°方向; (c) 90°方向; (d) 135°方向

图4-24为9号树干三维检测结果,从图中可知4个方向应力波断层图像中间部位均出现红色区域,底部红色深度比上部深,说明底部断面波速比上部低,深红色区域显示该树干内部存在严重腐朽或空洞。0°方向剖面表现最为明显[图4-24(a)],与树干剖面照片比较看出,红色区域为树干腐朽后形成的大面积空洞。断层三维图像中底部红色区域直径在4个方向上均大于上部红色区域直径,表明空洞直径底部比上部大,但空洞直径并非由底部向上呈逐渐减小趋势。由断层三维图像可知,4个方向剖面图像中间部位红色区域均小于底部和上部,特别在90°方向尤为明显,从中可判断中间部位空洞直径比上部和下部小。

三、多路径传播诊断

应力波断层图像能对树干内部缺陷进行直观判断,为进一步探讨应力波在树干断面传播机制及通过波速变化对缺陷进行诊断,采用12个传感器进行多路径检测,通过波速在树干断面中的传播趋势数学模型来对缺陷进行诊断。研究认为健康材中当波传播方向与年轮角度呈45°时传播时间最长,传播时间最短的是径向,径向波速比其他传播方向快约30%,而弦向的波速大约是径向速度的一半[11]。以12个传感器检测树干断面后分析沿顺时针方向激发点到接收点间波速传播情况,表4-5为健康树干断面应力波激发点到接收点波速值,其中路径编号6为径向方向。从表4-5中可知,除传感器1为激发点时径向波速在全部路径中不是最大值外,其余路径径向波速均为最大值。从趋势图 4-25

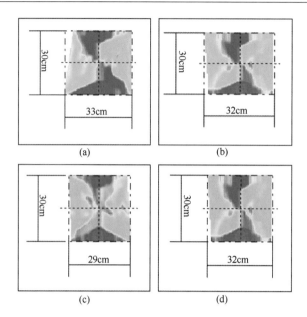

图 4-24　9 号空洞树干应力波三维检测剖面结果

（a）0°方向；（b）45°方向；（c）90°方向；（d）135°方向

表 4-5　健康树干应力波 12 个检测点波速结果　　　　（单位：m/s）

路径编号	应力波激发点											
	1	2	3	4	5	6	7	8	9	10	11	12
1	390	471	446	594	457	477	555	463	449	242	335	373
2	557	672	777	784	579	783	772	630	497	428	568	618
3	626	878	942	925	691	888	909	719	595	538	755	717
4	747	1017	1046	1038	757	983	915	789	711	647	851	765
5	800	1053	1122	1072	818	995	1013	928	816	734	888	882
6	788	1079	1097	1117	823	1033	1095	978	866	737	931	877
7	760	1020	1079	1107	806	1031	1086	976	802	765	868	822
8	662	927	1061	1021	749	1001	1045	878	797	706	742	749
9	567	894	924	897	666	910	886	841	709	628	689	608
10	523	715	759	755	545	716	828	698	607	508	530	522
11	280	507	505	559	423	550	563	481	485	365	340	451

中发现健康树干断面应力波传播趋势呈明显的先增加后减小趋势。为进一步探讨健康树干内部应力波传播趋势，对健康树干 12 个检测点波速进行总体平均并作回归曲线，结果见图 4-26，从图中可知传播路径方向与波速回归方程为 $y = -21.486x^2 + 259.25x + 249.41$，相关系数 $r = 0.9992$，相关性显著，二项式函数关系式及其传播趋势可以用于树干缺陷诊断。

对于腐朽和空洞树干，由于腐朽程度及空洞大小不同不能够使用样本平均值来说明，因此仅通过个体检测样本进行表述。以腐朽树干传播趋势为例，使用波速值作趋势图结果见图 4-27。

从图 4-28 可看出，波速未呈先增加后减少趋势，即不符合健康树干波速传播趋势。由于腐朽的存在，树干内部腐朽区域应力波波速明显下降，传播趋势不明显，健康树干中径向传播应为最快，但腐朽出现后径向波速传播趋势呈现明显降低趋势，传播路径方

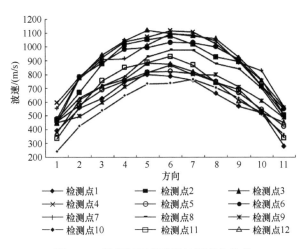

图 4-25　健康树干多路径波速变化趋势

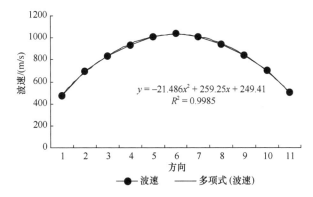

图 4-26　健康树干应力波多路径波速曲线回归

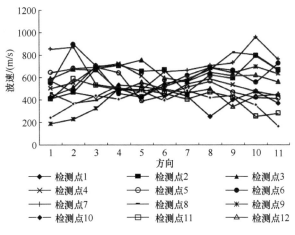

图 4-27　腐朽树干多路径波速变化趋势

向与波速回归方程为 $y=-0.9604x^2+13.285x+555.05$，相关系数 $r=0.3513$（图 4-28）。该树干断面 12 个检测点应力波回归方程未遵从高度相关二项式函数，可判断为非健康材，但在实际检测中，由于树干内部情况复杂，根据波速在断面传播趋势及二项式方程无法对缺陷种类进行准确判断和区分。

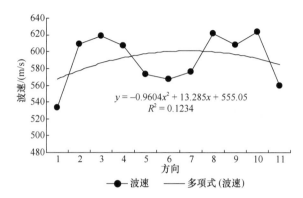

图 4-28 腐朽树干应力波多路径波速曲线回归

采用相同的方法对空洞材进行多路径分析，同理以独立树干为例，根据趋势图分析空洞情况，如图 4-29 和图 4-30 所示。由图 4-30 中可知，空洞区域波速明显低于健康部位波速，曲线呈先增加后降低再增加再降低趋势，径向波速由于空洞的影响使曲线在中间处呈凹陷形状，其二项方程为 $y = -10.187x^2 + 123.73x + 627.37$，相关系数 $r = 0.8987$，相关系数较高说明此波速趋势存在一定的规律性，但根据二项式方程和趋势图与健康树干比较结果可判断此树干内存在缺陷，为非健康材。

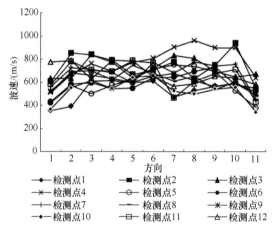

图 4-29 空洞树干多路径波速变化趋势

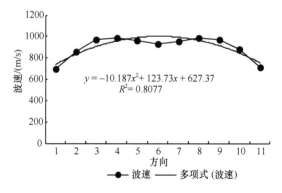

图 4-30 空洞树干应力波多路径波速曲线回归

第四节　杨树缺陷 SoT 系统断层成像

一、断层成像不同程度图像重构

表 4-6 是杨树断面 1 应力波传感器间波速平均值，波速平均值根据激发与接收传感器间夹角变化而变化，计算断面波速分布是成像关键，不同方向上波速存在明显差异。SoT 系统通过采集应力波传播时间，并计算波速在断面分布后进行重构图像，在图像中对波速大小赋予颜色值来展示内部缺陷。图 4-31 分别为识别比例 10%、20%、40%、60%、80%、100% 重构的断层图像，紫色或蓝色为严重腐朽，绿色为轻度腐朽，褐色为健康材。通过应力波断层成像通过颜色变化能够直接显示缺陷情况，为缺陷诊断提供了直观的信息。当成像程度不同时图像内的节点颜色分布大小不同，图 4-31（a）为 10% 的定位成像结果，此时节点颜色分布以较大的圆形区域作为划分，仅完成了部分成像区域显示，在颜色连贯性或过渡方面存在明显不足。当成像定位比例由 20% 增至 100% 时，断层图像内颜色区域趋于细化，颜色分布连续性得到明显改善。

表 4-6　杨树断面 1 应力波传感器间波速　　　　　（单位：m/s）

编号	传感器（编号）											
	1	2	3	4	5	6	7	8	9	10	11	12
1	749	799	681	760	788	756	749	798	700	737	946	854
2	994	947	888	962	969	921	882	988	868	922	950	960
3	1138	1027	1080	1103	1137	1071	1080	1091	966	1055	1094	1110
4	1185	1134	1152	1249	1194	1237	1106	1082	1092	1109	1245	1183
5	1223	1129	1206	1183	1237	1176	1069	1173	1067	1171	1252	1148
6	1154	1121	1090	1124	1163	1132	1167	1149	1055	1135	1158	1137
7	1157	1097	1143	1243	1174	1237	1151	1232	1126	1233	1203	1060
8	1135	1076	1218	1194	1216	1158	1167	1257	1127	1262	1116	1087
9	1034	1065	1104	1150	1061	1101	1108	1132	1038	1089	1106	1015
10	934	953	1001	970	914	959	967	942	841	1006	919	902
11	872	751	830	714	783	773	789	754	759	758	733	923

断层图像对缺陷的定位和识别主要以颜色变化直接显示，然而图像重构涉及数据采集、设备硬件、外部因素以及成像算法等多方面影响。使用不同的重构算法重构的图像效果和质量存在区别，直接影响缺陷的定位信息准确获取。

二、二维断层成像

初期腐朽指的是木材刚受木腐菌侵染，木材内部已有菌丝生长，但还没有引起木材的变色，不易识别。从杨树断层检测结果可知，断面内部分木材已开始出现变色，然而断层图像中主要以褐色为主（图 4-32），说明应力波断层成像技术识别杨树初期腐朽效果不明显。Deflorio 等通过人工植入腐朽菌研究花旗松、榉木、橡树和枫树初期腐朽发

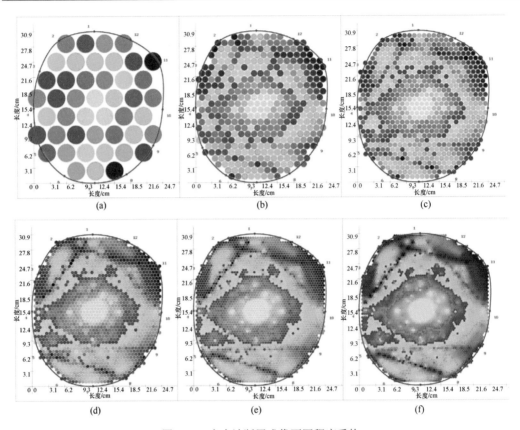

图 4-31 应力波断层成像不同程度重构

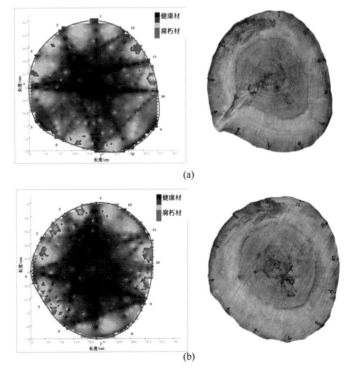

图 4-32 杨树初期腐朽断层图像与实际情况对比

现应力波波速有降低趋势，但断层图像对初期腐朽不能有效显示[12]，从中可知，与健康材相比初期腐朽引起了应力波传播速度降低，但降低程度在图像重构结果中未能通过颜色变化显示，需在投影数据和成像算法方面进行改进，进一步提高识别精度。

轻度腐朽在断层图像内可在一定程度被识别，如图 4-33 所示圆盘髓心部位存在小面积轻度腐朽。采用 12 个传感器检测轻度腐朽结果表明，断层图像中轻度腐朽主要显示为绿色，在断层图像中根据绿色变化来判断轻度腐朽容易出现误判，尤其在图像外围边上出现绿色或蓝色区域时，易被判断为腐朽引起的颜色变化。这是因为应力波在树干中传播主要有 3 个方向，分别是纵向、径向和弦向，在断面中以径向和弦向传播。在传感器列阵中如果不存在腐朽等缺陷，径向方向传播最快。当传播方向与径向偏离越远所需传播时间越长，因此对于密度较低的树种在检测中断面图像周围易于出现蓝色或绿色小面积区域，即两相邻传感器间的波速与其余波速差异较大，在颜色赋值上误认为非健康材。本实验所选取的杨树断面存在湿心材，应力波在湿心材中传播速度比健康材慢，研究发现在检测红栎树和白栎树湿心材中，采用波速变化来识别湿心材的准确性分别为84%和 45%。在非健康树干中应力波传播速度低于健康材，通过波速快慢能够判别内部健康状况，但从应力波断层成像检测杨树断面结果来看，断层图像未能识别出湿心材[13, 14]。

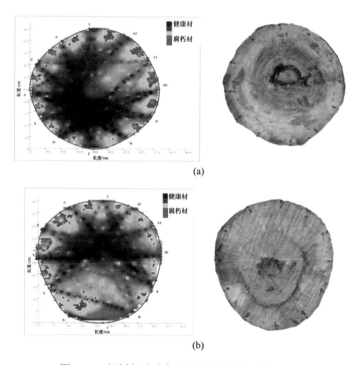

(a)

(b)

图 4-33　杨树轻度腐朽断层图像与实际情况对比

图 4-34 为断面 8 和断面 10 断层图像结果，从断面 8 的断层图像可看出蓝色区域即为腐朽区域，断面波速范围在 612～1050m/s，断层图像能够对严重腐朽位置进行准确定位，但腐朽区域大小与实际断面相比较还存在差异，此外健康材与腐朽材之间的过渡区分不明显。而断面 10 的断层图像识别效果比断面 8 准确，髓心部位腐朽程度明显高于其他部位，其波速范围在 562～1015m/s。从图像诊断结果认为使用 12 个传感器的 SoT

系统检测杨树木材严重腐朽取得良好的诊断效果，但是断层图像显示的腐朽区域大小、形状与实际断面相比较还存在差异。

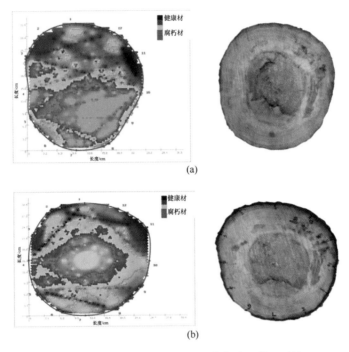

图 4-34　杨树严重腐朽断层图像与实际情况对比

为提高应力波断层成像检测精度和图像质量，可通过增加传感器数量来增加投影数据，如把传感器增加至 20 个或 24 个，投影数据增加有助于提高图像质量[4]。然而仅增加传感器数量来改善检测准确性和图像质量的方式并不能从根本上解决此类问题。传感器数量增加虽然能获取更多的投影数据使图像质量在一定程度上得以改善，但同时也增加了检测成本及延长数据采集和图像重构时间，从而影响系统的实时性能。增加成像数据采集，使用反投影算法重构图像，由于该算法本身不精确性和模糊性对重构结果产生影响，使重构结果为失真的模糊图像，在检测轻度腐朽或小面积缺陷中尤为突出，此外木材自身各向异性特性以及缺陷出现后形成复杂传播路径，对检测结果也产生不利影响。为从根本上改善图像重构质量需寻求精度较高且快速的图像重构算法，要求在图像重构模型建模过程中对树干截面的像素划分要适当，既要满足实际应用中图像分辨率和精度的要求，又要兼顾系统实时性。模型表达要简洁明了、计算量小以便于数学处理，图像重构算法的研究必然是应力波断层成像技术提高极其重要的环节。

主要参考文献

[1] 刘国华, 王振宇, 孙坚. 弹性波层析成像及其在土木工程中的应用[J]. 土木工程学报, 2003, 36(5): 76-91.

[2] Nicolotti G, Miglietta P. Using high-technology instruments to assess defects in trees [J]. Journal of Arboriculture, 1998, 24(6): 297-302.

[3] 王立海. 基于应力波断面画像的立木内部腐朽无损检测技术研究[D]. 北京: 中国林业科学研究院

博士后出站报告, 2009.

[4] 梁善庆, 王喜平, 蔡智勇, 等. 弹性波层析成像技术检测活立木腐朽[J]. 林业科学, 2008, 44(5): 109-114.

[5] 李华, 刘秀英, 陈允适, 等. 古建筑木结构的无损检测新技术[J]. 木材工业, 2009, 23(2): 37-39.

[6] Maurer H R, Schubert S I, Baechle F, et al. Application of nonlinear acoustic tomography for nondestructive testing of trees[C]. Proceedings of the 14th International Symposium on Nondestructive Testing of Wood, University of Applied Sciences, Eberswalde, Germany, May 2-4, 2005: 337-350.

[7] 石林珂, 孙懿斐. 声波层析成像技术[J]. 岩石力学与工程学报, 2003, 22(1): 122-125.

[8] 石林珂, 孙懿斐. 声波层析成像方法及应用[J]. 辽宁工程技术大学学报, 2001, 20(4): 489-491.

[9] 长春地质学院, 成都地质学院, 武汉地质学院. 地震勘探——原理和方法[M]. 北京: 地质出版社, 1980: 112-124.

[10] Schwarze F W M R, Fink S. Ermittlung der Holzzersetzung am lebenden Baum [J]. Neue Landschaft, 1994, 39: 182-193.

[11] Service F, Ross R J, Pellerin R F, et al. 1999. Inspection of timber bridges using stress wave timing nondestructive evaluation tools—a guide for use and interpretation[R]. Gen.Tech.FPL-GTR-114. Madison, WI: U.S. Department of Agriculture, Forest Service, Forest Products Laboratory, 1999: 1-15.

[12] Deflorio G, Fink S, Schwarze F W M R. Detection of incipient decay in tree stems with sonic tomography after wounding and fungal inoculation[J]. Wood Sci Technol, 2008, 42(2): 117-132.

[13] Ross R J, Ward J C, Tenwolde A. Stress wave nondestructive evaluation of wetwood [J]. Forest Products Journal, 1994: 44(7/8): 79-83.

[14] 梁善庆, 赵广杰, 傅峰. 应力波断层成像诊断木材内部缺陷[J]. 木材工业, 2010, 24(5): 11-13.

第五章　树干缺陷诊断准确率影响因素

应力波断层成像技术在木材领域处于研究和开发阶段，特别是在我国木材领域研究与应用中，目前主要以引进设备和应用为主，应用中发现影响检测准确性因素较多，为了提高检测准确性，需要对应力波断层成像技术在应用中遇到的影响因素进行深入探讨和研究。木材由于木腐菌的侵入，使细胞壁受到破坏，逐渐改变其颜色和结构，物理力学性质随之发生变化，最后变得松软易碎，呈筛孔状或粉末状等形态。腐朽的存在严重影响木材的物理力学性质，使木材重量减轻、吸水量大、强度降低。树干出现腐朽后木材密度和硬度明显降低，通常褐腐对强度的影响最为显著，褐腐后期强度基本上接近 0，因此腐朽程度与硬度间存在密切关系。树干断面密度分布图像与应力波断层图像也具有相关性，通过对比密度图像与断层图像两者之间的关系为提高检测准确性提供参考[1]。

本章阐述了木材含水率变化对应力波传播速度影响，并分析使用不同传感器数量和传感器不同空间分布对检测结果准确性的影响，为今后应力波断层成像检测提供科学依据，减小检测结果误差，提高断层图像质量及诊断准确率。通过检测圆盘端面网格硬度值，根据硬度值作二维和三维彩色图像，并与断层图像进行比较，探讨树干存在缺陷时硬度变化与断层图像的关系，为进一步提高缺陷诊断准确性提供依据。

第一节　含水率影响

选取 3 个胡杨生材圆盘，编号为 1～3 号，初始含水率分别为 115%、73% 和 105%。在初始含水率条件下采用 Fakopp 2D 检测仪对圆盘进行径向和弦向检测，径向检测分东西、南北、东南-西北、东北-西南 4 个方向，弦向以髓心为起点，向树皮方向每间隔 4cm 宽度检测一次，每个激发传感器各敲击 3 次，取平均值，测量两传感器间的直线距离，用于计算速度。检测完圆盘初始含水率并对圆盘称重后，把圆盘放置室内自然干燥，利用德国产 CAS 高周波式木材水分测定仪（Delta-55）对圆盘含水率变化进行观察，当圆盘含水率下降约 10% 后再次使用应力波进行检测后并称重，依次重复上述检测方法直至达到气干状态，为进一步检测低于气干含水率应力波速度，采用烘干法对圆盘进行烘干，在圆盘达到全干期间分别进行 3 次检测，其中最后一次检测圆盘处于全干状态。

对胡杨健康材圆盘不同含水率条件下单位长度传播时间、传播波速检测结果见表 5-1 和表 5-2，圆盘含水率由全干至生材时径向单位长度传播时间在 555～1036μs/m，弦向在 663～1086μs/m。图 5-1～图 5-3 显示了应力波在不同含水率条件下单位长度传播时间随含水率变化的趋势，从图中可知，单位长度传播时间随含水率变化而变化，含水率越低，单位长度传播时间越小，反之越大。径向和弦向单位长度传播时间随含水率增加而增加，含水率在较低范围时，单位长度传播时间增加较快，当含水率增加高于 30% 后，单位长度传播时间增幅不明显。有研究发现含水率在 70% 以下时，纵向应力波单位长度传播时间随含水率降低而减少，高于 70%含水率时，传播时间曲线变化趋势平缓或基本不变[2]。Ross 和 Pellerin[3] 研究应力波评价生材性质时也发现类似现象。Gerhards[4] 研究美国枫香木材不同含水率对应力波的影响时,发现单位长度传播时间转折点在含水率为 50%处。从本研究结果可知，树干断面径向和弦向应力波在纤维饱和点以下时，单位长度传播时间增加比纤维饱和点以上较快，高含水率条件下增加趋势不明显。

表 5-1　不同含水率径向单位长度传播时间和波速

1			2			3		
含水率/%	单位长度传播时间/（μs/m）	波速/（m/s）	含水率/%	单位长度传播时间/（μs/m）	波速/（m/s）	含水率/%	单位长度传播时间/（μs/m）	波速/（m/s）
0	555	1828	0	563	1805	0	592	1721
4	548	1850	4	574	1756	5	590	1717
7	555	1827	7	587	1719	9	626	1616
10	591	1715	10	619	1634	15	735	1376
18	656	1543	17	706	1426	22	775	1302
31	819	1236	28	824	1219	28	815	1235
49	897	1125	57	964	1043	63	928	1083
115	966	1043	73	1036	969	105	978	1029

表 5-2　不同含水率弦向单位长度传播时间和波速

1			2			3		
含水率/%	单位长度传播时间/（μs/m）	波速/（m/s）	含水率/%	单位长度传播时间/（μs/m）	波速/（m/s）	含水率/%	单位长度传播时间/（μs/m）	波速/（m/s）
0	665	1547	0	663	1545	0	726	1430
4	649	1576	4	662	1543	5	711	1445
7	664	1540	7	672	1518	9	744	1377
10	695	1473	10	713	1433	15	813	1252
18	755	1348	17	786	1294	22	844	1206
31	857	1182	28	906	1121	28	889	1144
49	934	1083	57	986	1024	63	988	1025
115	985	1026	73	1086	928	105	1024	989

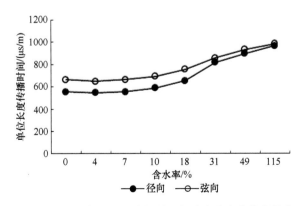

图 5-1　1 号圆盘单位长度传播时间随含水率变化的趋势

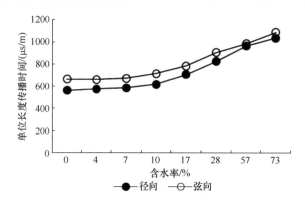

图 5-2 2 号圆盘单位长度传播时间随含水率变化的趋势

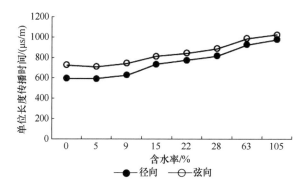

图 5-3 3 号圆盘单位长度传播时间随含水率变化的趋势

含水率在生材至全干时径向波速在 969～1828m/s，弦向波速在 928～1576m/s，可见树干断面径向波速比弦向波速高，两方向波速均随含水率增加而降低，但不同含水率阶段波速变化幅度大小不同。为更准确反映不同含水率条件下应力波波速变化趋势，采用数值计算插值法分别对不同含水率条件下波速进行插值处理，使含水率与波速曲线更具有直观性，插值处理后结果见图 5-4～图 5-6。

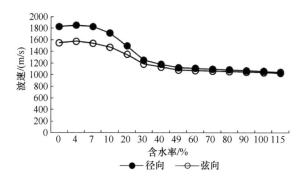

图 5-4 1 号圆盘波速随含水率变化的趋势

从图 5-4～图 5-6 可看出，径向和弦向波速随含水率增加呈降低趋势，在纤维饱和点以下时，波速随含水率增加降低迅速；含水率在纤维饱和点（含水率为 30%）时为转折点，含水率大于 30% 后，波速降幅不大，含水率越高，波速变化越平缓。含水率变化

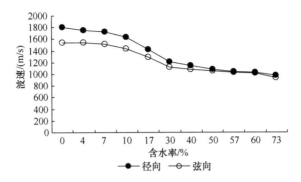

图 5-5　2 号圆盘波速随含水率变化的趋势

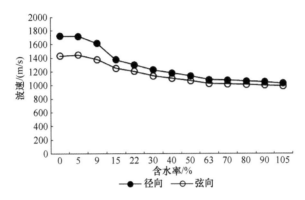

图 5-6　3 号圆盘波速随含水率变化的趋势

对应力波的影响研究在木材检测中越来越受到重视，但主要集中在板材和人造板研究上，且研究含水率变化范围主要在纤维饱和点以下，而研究高含水率条件下波速变化较少[5-8]。本研究结果表明树干径向和弦向波速随含水率变化与板材和人造板纵向变化规律相似，但在高含水率条件下，波速变化平缓。因此，当采用应力波断层成像检测活立木时，由于活立木木材含水率较高，检测立木树干断面缺陷时可以忽略含水率对应力波传播速度的影响。

第二节　传感器数量影响

选取 5 个胡杨圆盘，编号为 1、2、3、4、5 号，圆盘均为气干材，5 个圆盘基本情况见表 5-3。采用应力波断层成像检测仪（ARBOTOM 检测仪）分别对选取圆盘进行检测，首先采用 6 个传感器进行检测，检测具体步骤与第四章第二节相同，当使用 6 个传感器检测完后，重复上述步骤分别采用 8 个、10 个、…、24 个传感器对所选取圆盘进行检测，检测完后在圆盘上放置标尺并使用数码照相机进行拍照，放置标尺目的是通过标尺作为参照对圆盘实际缺陷面积进行计算。检测缺陷面积和实际缺陷面积计算方法和步骤如下所述。

（1）检测缺陷面积和实际缺陷面积计算。

通过 SigmaScan Pro5 图像分析软件计算断层图像中的缺陷区域面积，使用 SigmaScan Pro5 图像分析软件打开要计算缺陷面积的图像，根据图像中标尺计算长度为

表 5-3　检测圆盘基本状况

编号	圆盘直径/cm	缺陷类型	实际缺陷面积/cm²
1	31.6	空洞	111.1
2	30.2	腐朽	505.2
3	28.7	空洞	166.6
4	30.6	腐朽	514.3
5	36.7	空洞	482.3

1cm 所代表的像素值，然后计算 1cm² 面积所代表的像素值，通过轨迹编码（trace code）工具选取要计算的缺陷面积区域，当把缺陷区域选取后，所选取的区域变成红色并计算出总像素，根据总像素除以 1cm² 面积代表像素后得到缺陷区域面积。

（2）图像准确率和误差率计算。

采用图像准确率和误差率两个指标分析传感器数量对应力波检测树干缺陷的准确程度，检测准确率用检测缺陷面积与实际缺陷面积比值来表示，准确率越高说明检测缺陷面积与圆盘实际缺陷面积越接近，其计算公式为

$$T = \frac{S_T}{S_Z} \times 100\%$$

式中，T 为准确率（%）；S_T 为检测的缺陷面积（cm²）；S_Z 为缺陷的实际面积（cm²）。

误差率是检测缺陷面积与实际缺陷面积之间的偏离程度，用 V 表示，误差率越小说明检测精度越高，计算公式为

$$V = \frac{|S_T - S_Z|}{S_Z}$$

式中，V 为准确率（%）；S_T 为检测的缺陷面积（cm²）；S_Z 为缺陷的实际面积（cm²）。

采用 6～24 个传感器分别对 5 个存在腐朽或空洞圆盘进行检测，由于检测图像较多，现仅以 5 号圆盘断层图像为例进行表述，采用 6～24 个传感器检测 5 号圆盘结果见图 5-7。当传感器仅为 6 个时图像有红色区域出现，说明该圆盘存在腐朽，但红色区域边界不明显。传感器数量增加至 12 个时，缺陷区域能够明显表示出来，红色区域以圆盘中心区域为主，并由中心区域向圆盘边部逐渐变为黄色，从图中颜色变化来看，圆盘中间波速最低，向边部波速逐渐增加，随传感器数量继续增加，红色区域面积增大，当传感器增加至 24 个时，图像中红色区域拓展至边部，且颜色边界区别明显，因此从图像变化结果判断，圆盘内存在严重腐朽或空洞，且随传感器数量增加，断层图像检测准确性提高，检测图像颜色变化说明传感器数量多少对检测结果有显著影响。

根据检测所得应力波断层图像，使用 SigmaScan Pro5 图像分析软件对缺陷面积进行计算，并根据公式计算准确率和误差率（表 5-4）。传感器数量不同对检测准确率和误差率均有影响，当采用 6 个传感器时，准确率范围在 25.3%～68.5%，误差率范围在 0.32～0.91，两个指标变幅均较大。随传感器数量增加，准确率逐渐增大，误差率逐渐减小，认为传感器数量增加在一定程度上提高了检测准确率。传感器增加至 24 个时，1 号和 2 号圆盘准确率接近 100%，其余圆盘准确率均大于 100%，说明此时检测缺陷面积大于实际缺陷面积，这是因为木材腐朽程度判别如今还存在困难，通过肉眼来准确区分腐朽与

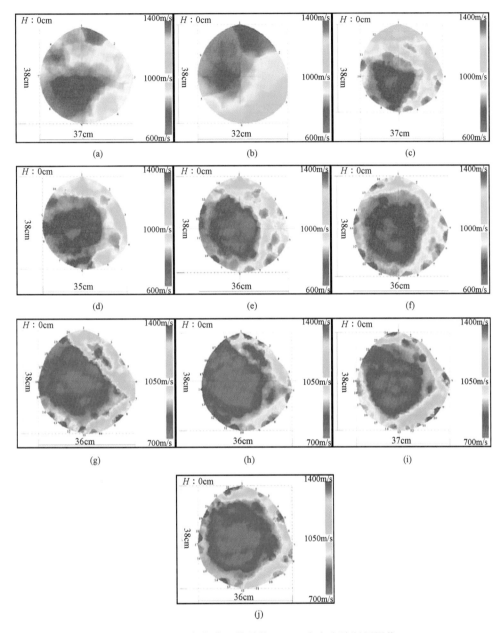

图 5-7 5 号圆盘传感器数量从 6～24 个应力波断层图像

健康材边界难度较大，因此对于检测缺陷面积大于实际缺陷面积存在人为判断误差。为减小检测误差，对 5 个圆盘准确率和误差率作均值处理结果见表 5-5。树干直径在 28.7～36.7cm，传感器数量为 10 个时，检测准确率大于 60%，如检测结果要求准确率大于 90%，而误差率小于 0.1，则需要 22 个传感器以上，因此认为在检测树干内部缺陷时，传感器数量增加一定程度上可以提高检测准确性。但对于不同的检测目的和要求，应选取不同数量传感器进行检测，如仅需要知道缺陷大致位置，采用 10 个传感器能够满足要求，当需要知道缺陷大小及部位较为准确时需 12 个传感器，当需要得到较高的检测精度时，应把传感器数量增加至 22 个为宜。

表 5-4 不同传感器数量检测缺陷面积结果

数量	1		2		3		4		5	
	准确率/%	误差率	准确率/%	误差率	准确率/%	误差率	准确率/%	误差率	准确率/%	误差率
6	47.8	0.52	32.0	0.68	68.5	0.32	25.3	0.91	48.2	0.52
8	63.2	0.37	53.6	0.46	64.8	0.35	45.3	0.55	49.5	0.51
10	65.8	0.34	54.7	0.45	76.2	0.24	73.2	0.27	53.9	0.46
12	77.4	0.23	88.7	0.11	86.2	0.14	61.4	0.39	61.8	0.38
14	81.3	0.19	49.1	0.51	83.1	0.17	74.1	0.26	67.8	0.32
16	88.7	0.11	75.3	0.25	90.5	0.09	78.1	0.22	70.1	0.30
18	93.8	0.06	57.2	0.43	89.2	0.11	84.6	0.15	72.0	0.28
20	94.2	0.06	65.0	0.35	97.6	0.02	78.4	0.22	70.3	0.30
22	96.5	0.03	76.4	0.24	94.0	0.06	93.2	0.07	96.3	0.04
24	98.7	0.01	97.1	0.03	109.5	0.10	101.3	0.01	109.8	0.10

表 5-5 不同传感器数量准确率和误差率

指标	传感器数量									
	6	8	10	12	14	16	18	20	22	24
准确率/%	44.4	55.3	64.8	75.1	71.1	80.5	79.4	81.1	91.3	103.3
误差率	0.59	0.45	0.35	0.25	0.29	0.19	0.21	0.19	0.09	0.05

图 5-8 为准确率和误差率随传感器数量增加的变化趋势图。从图中可看出，应力波断层成像检测准确率随传感器数量增加而增加，误差率随传感器数量增加呈降低趋势，通过 SPSS 对准确率和误差率随传感器数量变化进行线性回归分析可知，检测准确率与传感器数量存在显著正相关性，其线性回归方程为

$y=0.224x^3-3.8353x^2+23.949x+22.791$（$x=6$，8，…，24），相关系数 $r=0.9897$。误差率与传感器数量存在显著负相关性，其线性回归方程为 $y=-0.0018x^3+0.0343x^2+0.2352x+0.7928$（$x=6$，8，…，24），相关系数 $r=0.9712$。

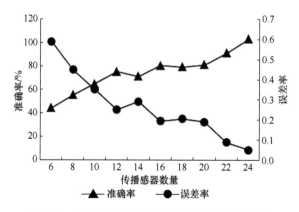

图 5-8 检测准确率和误差率与传感器数量关系

第三节 传感器空间分布影响

选取胡杨圆盘 7 个，圆盘均为气干材，圆盘中分别有不同程度腐朽或空洞类型。使用 12 个传感器应力波断层成像检测仪，分别采用随机分布、半圆分布和均匀分布 3 种检测方式对 7 个圆盘进行检测。7 个圆盘中 3 种分布情况及传感器间的弧长测量结果见表 5-6。

表 5-6 三种分布类型传感器间弧长

编号	分布类型	传感器间弧长/cm											
		1-2	2-3	3-4	4-5	5-6	6-7	7-8	8-9	9-10	10-11	11-12	12-1
1	半圆	7.9	7.9	7.9	7.9	7.9	7.9	5.5	7.5	9.9	7.6	8.3	8.3
	随机	7.7	8.2	8.3	7.9	8.1	7.6	7.7	6.7	7.8	8.5	7.4	8.9
	均匀	7.9	7.9	7.9	7.9	7.9	7.9	7.9	7.9	7.9	7.9	7.9	7.9
2	半圆	9.5	9.5	9.5	9.5	9.5	9.5	8.7	9.6	11.6	8.0	10.4	8.7
	随机	8.1	7.5	7.3	11.4	12.6	9.7	8.6	7.1	11.3	10.9	10.4	9.1
	均匀	9.5	9.5	9.5	9.5	9.5	9.5	9.5	9.5	9.5	9.5	9.5	9.5
3	半圆	8.4	8.4	8.4	8.4	8.4	8.4	10.3	8.3	7.8	7.4	8.0	8.6
	随机	8.5	8.0	7.8	7.9	8.5	7.3	7.7	8.7	7.6	8.2	8.3	12.3
	均匀	8.4	8.4	8.4	8.4	8.4	8.4	8.4	8.4	8.4	8.4	8.4	8.4
4	半圆	7.5	7.5	7.5	7.5	7.5	7.5	9.1	7.1	6.5	9.0	5.5	7.8
	随机	7.0	5.9	7.0	8.7	6.6	7.7	7.0	5.9	7.0	7.2	9.2	10.8
	均匀	7.5	7.5	7.5	7.5	7.5	7.5	7.5	7.5	7.5	7.5	7.5	7.5
5	半圆	8.1	8.1	8.1	8.1	8.1	8.1	6.0	7.1	8.0	9.1	9.0	9.4
	随机	6.0	7.9	10.3	9.0	7.5	7.5	7.1	6.9	8.0	11.8	7.8	7.4
	均匀	8.1	8.1	8.1	8.1	8.1	8.1	8.1	8.1	8.1	8.1	8.1	8.1
6	半圆	7.9	7.9	7.9	7.9	7.9	7.9	9.1	6.5	7.5	6.2	5.8	12.3
	随机	8.1	7.5	7.3	11.4	12.6	9.7	8.6	7.1	6.9	4.2	5.1	6.3
	均匀	7.9	7.9	7.9	7.9	7.9	7.9	7.9	7.9	7.9	7.9	7.9	7.9
7	半圆	5.8	5.8	5.8	5.8	5.8	5.8	4.8	4.2	4.3	7.7	8.3	5.5
	随机	8.5	7.6	4.4	5.6	4.5	4.5	5.4	5.5	6.7	5.2	4.7	7.0
	均匀	5.8	5.8	5.8	5.8	5.8	5.8	5.8	5.8	5.8	5.8	5.8	5.8

使用应力波断层成像检测仪采用随机分布、半圆分布和均匀分布分别对选取的圆盘进行检测。图 5-9 为 1 号圆盘使用 3 种分布类型检测得到的断层图像与实际圆盘比较，3 种分布检测方式均能对圆盘形状较好地模拟，圆盘内空洞部位及大小均能有效显示。从图像来看，随机分布图像中红色区域（空洞区域）大于半圆分布和均匀分布检测方式，均匀分布红色区域最小。从红色区域形状比较来看，均匀分布图像显示的红色区域形状最接近实际圆盘空洞形状，原因认为是当模拟圆盘形状时，输入各传感器间弧长后首先形成以弧长累加值作为周长的圆，此时圆内各传感器路径交叉点分布都属于均匀分布，当进行圆盘形状修正时，由于随机分布中某些检测点弧长较长，形状修正后圆心位置偏离较大，导致圆盘图像中各路径节点分布呈不均匀分布，在图像重构中节点波速与实际

缺陷不相符，重构后图像显示的空洞形状与实际形状存在偏差。半圆分布检测也存在此类问题，而均匀分布能够减少或避免此类情况，使图像网格节点分布更能真实反映实际圆盘内部缺陷部位和缺陷程度。

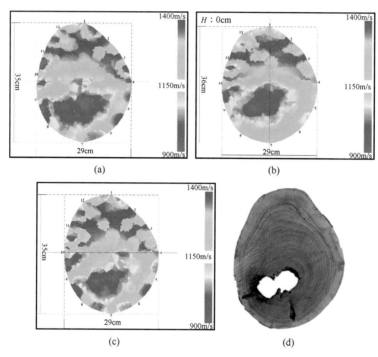

图 5-9 1 号圆盘传感器不同分布类型断层图像
（a）随机分布；（b）半圆分布；（c）均匀分布；（d）圆盘

图 5-10 为 2 号圆盘检测结果，从检测结果与实际圆盘情况比较来看，3 种分布类型检测断层图像均未能很好地对圆盘内空洞情况准确反映。通过对实际圆盘观察发现，空洞边部木材并未受到木材腐朽菌侵蚀而出现明显腐朽症状，因此空洞边部木材强度损失较小，应力波在此部位传播波速下降不大，则网格节点波速较高。在反向投影算法重构图像中，空洞边部高波速代表的颜色范围部分抵消了空洞波速颜色范围，导致空洞应以红色区域显示的却因颜色显示的抵消而未能准确显示。但从 3 种分布类型结果比较来看，均匀分布更接近实际圆盘情况。图 5-11 为 3 号圆盘检测结果，3 种分布类型检测图像显示空洞结果比 2 号圆盘检测结果准确性高，因为此圆盘空洞边部木材存在明显腐朽，空洞红色区域被抵消程度不高，能更好显示实际圆盘空洞范围。

图 5-12 和图 5-13 为 4 号和 5 号圆盘检测结果与实际圆盘比较，从 3 种分布类型检测结果来看，4 号圆盘随机分布和半圆分布断层图像中红色区域面积均比均匀分布检测面积大。原因认为是圆盘内空洞直径较大，当传感器间存在空洞间隔时，应力波传播路径不直接穿过空洞区域而是沿圆盘边部进行传播，在根据圆盘边部波速对空洞进行重构后，重构的图像与实际圆盘情况存在偏差，但从检测图像结果来看，断层图像总体上均能够对空洞区域进行有效显示。5 号圆盘内空洞为人工挖孔所致，空洞边部木材均为健康材，从随机分布断层图像可看出，红色区域范围扩展至传感器 9、10、11 部位，则该处部位健康材也被显示为空洞材，均匀分布检测结果比随机和半圆分布更接近实际圆盘情况。

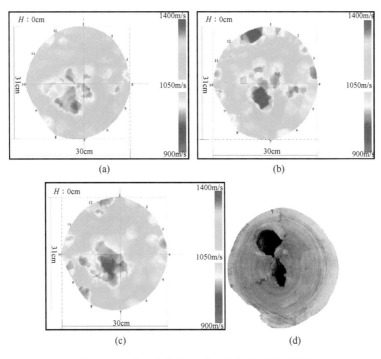

图 5-10 2 号圆盘传感器不同分布类型断层图像
（a）随机分布；（b）半圆分布；（c）均匀分布；（d）圆盘

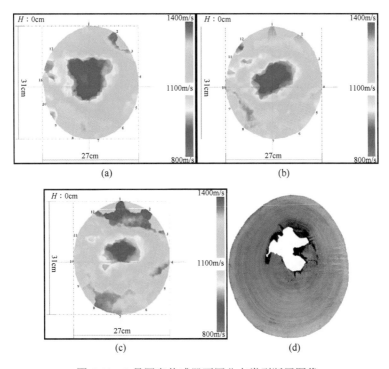

图 5-11 3 号圆盘传感器不同分布类型断层图像
（a）随机分布；（b）半圆分布；（c）均匀分布；（d）圆盘

图 5-14 为 6 号圆盘检测结果与实际圆盘比较，随机分布检测结果中红色区域面积比半圆分布和均匀分布大，即随机分布检测严重缺陷区域面积大于半圆和均匀分布。均

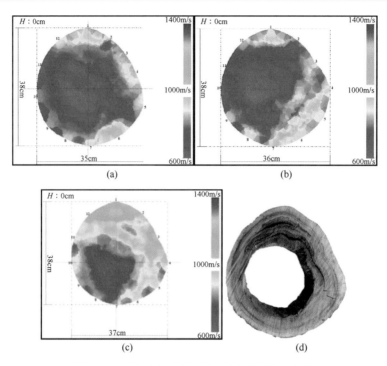

图 5-12 4 号圆盘传感器不同分布类型断层图像
（a）随机分布；（b）半圆分布；（c）均匀分布；（d）圆盘

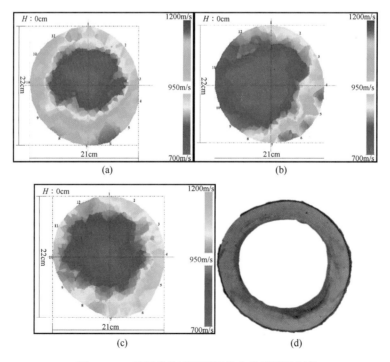

图 5-13 5 号圆盘传感器不同分布类型断层图像
（a）随机分布；（b）半圆分布；（c）均匀分布；（d）圆盘

匀分布图像中心部位显示红色区域颜色最深，说明该处为空洞所在部位，通过与实际圆盘内空洞部位比较可知，均匀分布检测结果与实际圆盘内部情况更接近。图 5-15 为 7 号圆盘检测结果与实际圆盘比较，3 种分布类型结果能够反映出腐朽区域情况，如在传感器编号为 9、10 和 11 区域不仅存在严重腐朽同时存在开裂 [图 5-15（d）]，3 种分布类型检测结果均能较好反映实际腐朽情况，但无法在腐朽内把空洞、开裂准确区分。从断层图像来看，随机、半圆和均匀分布检测结果存在差别，主要表现在红色区域大小不同，即严重腐朽区域检测结果大小有差别。

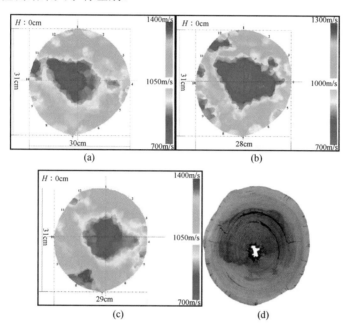

图 5-14　6 号圆盘传感器不同分布类型断层图像

（a）随机分布；（b）半圆分布；（c）均匀分布；（d）圆盘

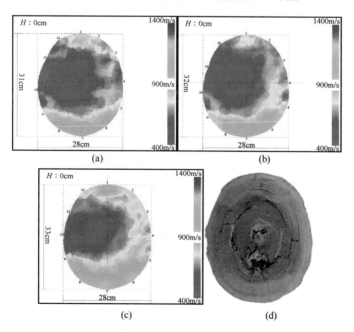

图 5-15　7 号圆盘传感器不同分布类型断层图像

（a）随机分布；（b）半圆分布；（c）均匀分布；（d）圆盘

对采用 3 种分布类型应力波断层成像检测缺陷面积和实际缺陷面积进行计算,结果见表 5-7。从表中可知,使用随机分布的检测缺陷面积除 7 号圆盘小于半圆分布和均匀分布外,其余圆盘的检测缺陷面积均大于半圆分布和均匀分布。

表 5-7　3 种分布类型检测缺陷面积与实际缺陷面积

编号	检测缺陷面积/cm^2			实际缺陷面积/cm^2
	随机分布	半圆分布	均匀分布	
1	137.6	86.7	95.5	111.1
2	156.3	140.9	148.1	128.4
3	130.3	96.0	113.1	132.7
4	442.0	434.5	460.3	473.2
5	203.0	156.7	156.2	192.5
6	223.8	205.6	143.8	266.6
7	332.7	351.9	342.3	567.0

对 3 种分布类型检测缺陷面积和实际面积进行方差分析及多重比较,方差分析结果表明(表 5-8),3 种分布类型检测缺陷面积与实际缺陷检测面积在置信度 95%时未达到显著差异。由多重比较结果可知,3 种分布类型检测缺陷面积之间以及 3 种分布类型检测缺陷面积与实际缺陷面积之间差异均不显著,认为当对树干内部缺陷面积大小和部位进行非精确判断时,3 种方式检测均可满足要求,但如果需要对缺陷大小及部位进行准确判断和定位时,应采用均匀分布检测方式。

表 5-8　3 种分布类型检测缺陷面积和实际缺陷面积方差分析

变差来源	平方和	自由度	平均平方和	F 值	显著性
组间	17 335.883 9	3	5 778.628 0	0.274 4	0.843 2
组内	505 338.265 7	24	21 055.761 1		
总计	522 674.149 6	27			

第四节　应力波断层图像与硬度关系

取胡杨气干圆盘 8 个,圆盘包括有健康、腐朽、空洞及开裂 4 种类型,8 个圆盘编号为 1～8 号。采用应力波断层成像检测仪对圆盘进行断层成像检测,传感器数量取 12 个。成像检测完成后分别在各圆盘端面上划分 2cm×2cm 网格,参考木材硬度试验方法对圆盘端面硬度进行检测,检测后调整至含水率为 12%的硬度值(图 5-16)。

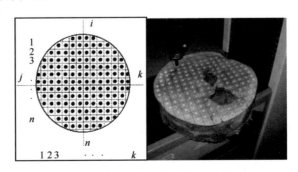

图 5-16　圆盘端面网格划分和硬度检测示意图

一、硬度二维图像与断层图像比较

（一）健康材

对 8 个胡杨圆盘端面硬度检测后通过 Matlab 图像处理软件构建了硬度二维图像，并与断层图像进行比较。1 号圆盘硬度二维图像中没有出现缺陷，图像内部主要以蓝色为主，根据颜色范围判断硬度值大于 2500N。与断层图像比较可知，硬度二维图像与断层图像显示圆盘内部情况基本一致，均未发现缺陷存在，但是由于硬度颜色赋值最大达3500N，而波速与硬度相比数值较低，因此颜色赋值不高使图像中出现颜色量值差异，导致硬度图像与断层图像颜色不一致，但从硬度与波速二维图像比较可看出，硬度与波速存在一定正相关关系（图 5-17）。

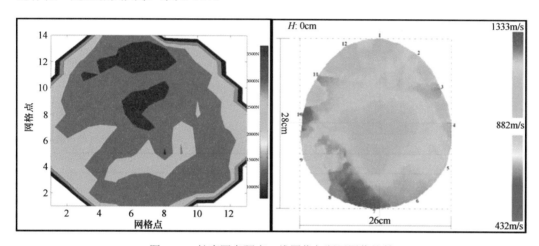

图 5-17　健康圆盘硬度二维图像与断层图像比较

（二）空洞材

2 号圆盘硬度二维图像与断层图像比较，硬度二维图像中出现白色区域为空洞，从图 5-18 中空洞大小和形状均能清晰分辨，图像中白色区域边部显示为红色，说明空洞边上材质已经腐朽，空洞边部硬度值下降。从断层图像可知，图像中出现红色区域为空洞位置所在，与硬度二维图像显示结果类似，但硬度值由圆盘中直接检测得出，更能反映实际圆盘内部情况，硬度二维图像显示结果更接近实际圆盘情况。3 号、4 号和 5 号圆盘硬度二维图像中，均出现空洞现象，硬度二维图像与实际圆盘内部情况一致，与硬度二维图像比较可知，断层图像未能达到硬度二维图像的显示效果，但断层图像能够对空洞部位有效显示。

（三）腐朽材

6 号圆盘硬度二维图像中显示蓝色区域为健康材，在中心部位出现红色环形区域为腐朽材，从图像中看出红色环形区域外围显示绿色，根据颜色棒可知，绿色区域硬度值低于 2000N，说明该区域木材存在一定程度腐朽。而断层图像显示腐朽区域面积较大，未能清晰反映出环形开裂的大小和形状。7 号圆盘硬度二维图像与断层图像比较，硬度二维图像中显示大面积白色区域和小面积红色区域，说明该圆盘存在严重腐朽和空洞，

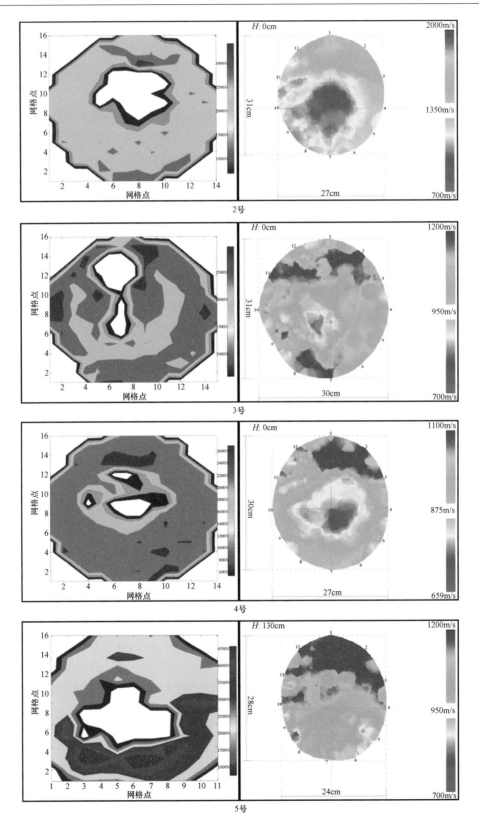

图 5-18 空洞圆盘硬度二维图像与断层图像比较

且腐朽和空洞的面积占圆盘面积比例较大，断层图像显示该圆盘中存在严重腐朽，与硬度二维图像结果类似（图 5-19）。

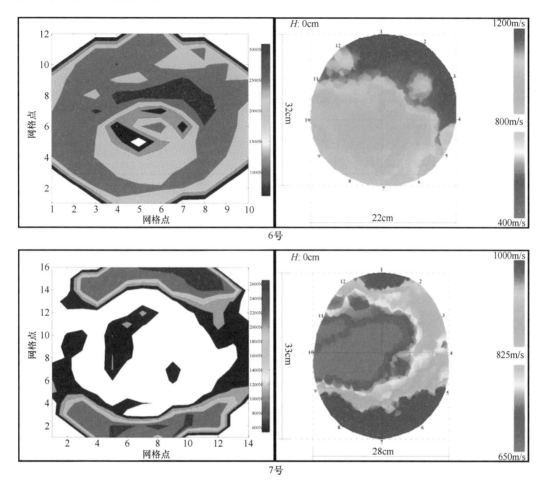

图 5-19　腐朽圆盘硬度二维图像与断层图像比较

（四）开裂材

8 号圆盘硬度二维图像显示该圆盘为开裂材，图 5-20 中开裂明显，开裂延伸至圆盘中心部位。从断层图像来看，开裂部位应为传感器编号为 10 和 11 之间，此处部位颜色处在低波速范围，由边部向中心延伸，但断层图像未能如硬度图像那样准确显示开裂形状和长度，因为当应力波传播中遇到开裂时，如果开裂宽度较小且开裂边上木材未腐朽，波速成像网格节点分布有部分波速覆盖开裂区域，使开裂部分颜色并非显示为 0 值，而硬度值由圆盘直接检测，开裂部位硬度值显示为 0 值，因此硬度二维图像显示的开裂形状更接近圆盘内开裂。

从上述硬度二维图像与断层图像比较结果来看，采用 12 个传感器检测的断层图像能有效显示圆盘内部缺陷，与硬度二维图像比较后认为，断层图像未能如硬度二维图像准确显示实际圆盘情况，但采用波速和硬度值重构的图像存在相似性，因此节点波速与网格硬度值存在正相关关系。

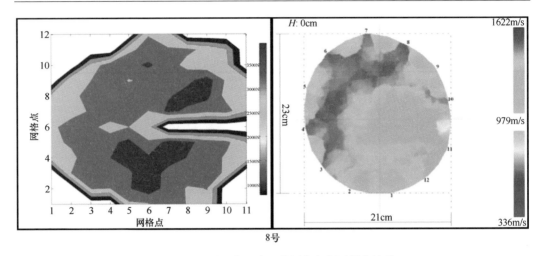

8号

图 5-20　开裂圆盘硬度二维图像与断层图像比较

二、硬度三维图像

三维图像能够提供立体角度观察圆盘内部缺陷情况。1 号圆盘为健康材，因此硬度值变化范围不大，三维图像中曲线面无明显变化。2 号圆盘硬度三维图中可看出曲线面上存在凹陷面，凹陷面的出现为硬度值较低所致，而该圆盘中存在空洞，因此凹陷面则为空洞位置，与其硬度二维图像显示空洞位置一致。3 号、4 号和 5 号圆盘硬度三维图像，与 2 号圆盘硬度三维图像类似，曲线面均出现凹陷面，说明圆盘中存在空洞。6 号圆盘硬度三维图像中间部位凹陷存在，但凹陷不连续，即凹陷区域中硬度值高低均有存在，说明该凹陷区域并非存在大面积腐朽或空洞，而是环形开裂，由于开裂宽度不大，所以在三维图像中表现不明显。7 号圆盘硬度三维图像显示曲线面凹陷面积较大且凹陷面高度较低，认为此处硬度值较小且部分硬度值为 0，为严重腐朽造成。8 号圆盘硬度三维图像中，曲线面出现开裂现象，开裂部位及大小均能显示出来（图 5-21）。

上述研究说明，硬度值与缺陷关系密切，采用硬度值构建的二维和三维图像均能准确显示缺陷位置、大小和形状。断层图像尽管未能如硬度二维图像那样准确反映缺陷情况，但对缺陷能有效显示且与硬度二维图像检测结果接近，说明硬度与应力波波速存在正相关关系。深入研究缺陷与硬度值降低的内在联系为进一步提高应力波断层图像诊断准确性提供了依据。

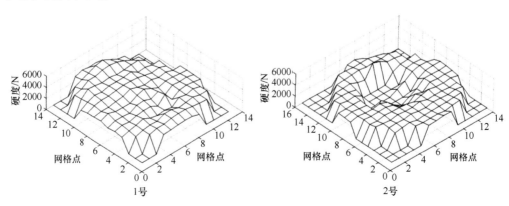

1号　　　　　2号

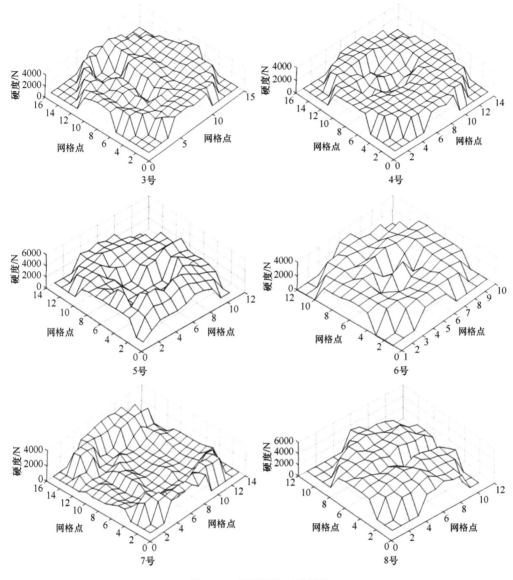

图 5-21　圆盘硬度三维图像

主要参考文献

[1]　Rabe C, Ferner D, Fink S, et al. Detection of decay in trees with stress waves and interpretation of acoustic tomograms[J]. Arboricultural Journal, 2004, 28(1-2): 3-19.

[2]　张耀丽. 毛果冷杉湿心材无损探测及其蒸汽爆破对木材性能的影响[D]. 南京: 南京林业大学博士学位论文, 2006: 21-30.

[3]　Ross R J, Pellerin R F. NDE of green material with stress waves: preliminary results using dimension lumber. Technical note[J]. Forest Products Journal, 1991, 41(6): 57-59.

[4]　Gerhards C C. Stress wave velocity and MOE of sweetgum ranging from 150 to 15 percent MC[J]. Forest Products Journal, 1975, 5(4): 51-57.

[5]　Brashaw B K, Wang X, Ross R J, et al. Relationship between stress wave velocities of green and dry veneer[J]. Forest Products Journal, 2004, 54(6): 85-89.

[6] 司慧, 鹿振友, 王立昌. 含水率对落叶松材动态弹性模量的影响[J]. 木材加工机械, 2007, (1): 16-19.

[7] 司慧. 落叶松材动态特性及其影响因素的研究[D]. 北京: 北京林业大学博士学位论文, 2007: 44-53.

[8] Sandoz J L. Moisture content and temperature effect on ultrasound timber grading[J]. Wood Science and Technology, 1993, 27(5): 373-380.

第六章　树干缺陷危险性评价

　　木材由于是各向异性材料，与各向同性材料相比具有更复杂的变异性，不同树种、产地和立地条件的木材物理力学性质都存在差异。对于古树，由于其木材生长年代较久，受到腐朽、虫蛀等影响使其内部材性更具复杂性，如腐朽引起树干内部强度变化，增大了对腐朽程度判断的复杂性。腐朽程度不同所引起的树干强度损失给无损诊断及对缺陷定量评价带来不确定性。由于木材无损检测工作在研究检测确定性及不确定性上不多，在可靠性研究中没有给出实际缺陷尺寸与其检测尺寸之间的关系模型，因此本章根据此情况从各向同性材料研究中引入检测缺陷尺寸与真实尺寸关系模型用于木材腐朽、空洞、开裂等缺陷的定量分析。

　　树干出现腐朽或空洞，经应力波断层成像检测后如何通过断层图像对树干强度损失率进行计算以及对立木危险性进行定量评价均需深入研究[1]。国外一些研究者对立木危险性的定量评价已做了大量工作，但与应力波断层成像技术相结合来进行危险性评价研究工作很少[2-4]。随着应力波无损检测技术在立木缺陷检测中不断得到应用以及成像技术的发展，如何根据应力波断层图像对立木危险性进行评价需要不断深入研究。目前，我国在利用应力波断层成像技术对树干强度损失及其危险性评价的研究方面未见相关报道。因此本章根据应力波断层成像检测结果探讨了检测缺陷面积与实际缺陷面积相关关系模型，并引入树干强度损失计算模型，进一步探讨危险性评价的方法，为我国古树名木检测与保护提供科学依据和评价方法。

第一节　检测缺陷面积与实际缺陷面积关系模型

一、模型引入

　　无损检测中存在两种类型的不确定性，一种是随机的不确定性，另一种是模糊的不确定性。这两种不确定性都受材料、结构形状和尺寸、检测设备、检测环境、缺陷位置和取向、检测人员的技术水平等诸多因素的影响。第四章和第五章检测结果研究发现，采用应力波断层成像技术检测树干内部缺陷并对缺陷面积进行多次重复独立检测，检测缺陷平均值与实际缺陷尺寸并不相等，模糊性是无损检测的一个显著特点。在其他无损检测方法中，检测缺陷大小尺寸均存在相同的误差。对于随机的测量误差，可以通过多次重复独立测量取平均测量值后使结果与真实值一致，然而无损检测的模糊性不容易解决，它不能通过多次重复的独立检测，简单地取平均检测值得到缺陷真实尺寸。傅惠民和刘登第[5]通过对大量无损检测数据分析，总结出了缺陷尺寸与其检测尺寸之间存在如下关系式：

$$\varphi(a) = \lambda_0 + \lambda_1\varphi(a') + \lambda_2\varphi^2(a') + \cdots + \lambda_m\varphi^m(a') + \varepsilon \qquad \varepsilon \sim N(0, \sigma^2) \qquad (6\text{-}1)$$

式中，$\varphi(\cdot)$ 为实函数；λ_i（$i=0$，1，2，…，m）和 σ^2 均为待定参数，它们可由回归分析方法确定。这里缺陷尺寸是广义的，可以是缺陷的长度、宽度、高度、面积、体积以及它们的组合。式（6-1）的物理意义是对应于检测尺寸 a'，缺陷尺寸的函数 $\varphi(a)$ 遵循均值为 $\mu(a') = \lambda_0 + \lambda_1\varphi(a') + \lambda_2\varphi^2(a') + \cdots + \lambda_m\varphi^m(a')$ 和方差为 σ^2 的正态分布，即

$$\varphi(a) \sim N[\mu(a'),\sigma^2] \tag{6-2}$$

也就是说，满足式（6-2）的缺陷 a 在无损检测中都有可能产生 a' 这个检测值。

在无损检测中最常见的是 $\varphi(a) = \ln a$，$\varphi(a') = \ln a'$，$m=1$ 的情况，此时式（6-1）成为

$$\ln a = \lambda_0 + \lambda_1\ln a + \varepsilon \quad \varepsilon \sim N(0,\sigma^2) \tag{6-3}$$

为了便于叙述，下面仅对式（6-3）情况进行讨论，但所有理论和方法对式（6-1）情况均成立。

首先确定待定参数 λ_0，λ_1 和 σ^2，设对尺寸为 a_1，a_2，…，a_n 的 n 个缺陷进行独立无损检测得到 n 个检测尺寸 a_1'，a_2'，…，a_n'，由回归分析可知，λ_0 和 λ_1 的估计量 $\hat{\lambda}_0$ 和 $\hat{\lambda}_1$ 由式（6-4）和式（6-5）得出：

$$\hat{\lambda}_0 = \overline{\ln a} - \hat{\lambda}_1\overline{\ln a'} \tag{6-4}$$

$$\hat{\lambda}_1 = \sum_{i=1}^{n}(\ln a - \overline{\ln a})(\ln a' - \overline{\ln a'}) \bigg/ \sum_{i=1}^{n}(\ln a - \overline{\ln a})^2 \tag{6-5}$$

式中，$\overline{\ln a}$ 为真实尺寸平均值；$\overline{\ln a'}$ 为检测尺寸平均值。

$$\overline{\ln a} = \frac{1}{n}\sum_{i=1}^{n}\ln a_i \tag{6-6}$$

$$\overline{\ln a'} = \frac{1}{n}\sum_{i=1}^{n}\ln a_i' \tag{6-7}$$

其回归方程为

$$\ln \hat{a} = \hat{\lambda}_0 + \hat{\lambda}_1\ln a' \tag{6-8}$$

方差 σ^2 的无偏估计值：

$$\sigma^{2'} = \frac{1}{n-2}\sum_{i=1}^{n}(\ln a_i - \hat{\lambda}_0 - \hat{\lambda}_1\ln a_i')^2 \tag{6-9}$$

二、模型应用

经应力波断层成像检测后，对断层图像和实际圆盘中的缺陷面积进行计算，结果见表 6-1。计算检测缺陷面积与实际面积存在差异，统计表明采用 12 个传感器的应力波断层成像检测缺陷面积占实际缺陷面积的 86%，断层图像内显示的缺陷面积比实际缺陷面积小。由表 6-1 中检测缺陷面积和实际缺陷面积的计算结果，根据式（6-3）、式（6-4）、式（6-5）和式（6-9）求出实际缺陷面积（$\ln\hat{a}$）与检测缺陷面积（$\ln a'$）间的回归方程和标准差无偏估计量，求得回归方程为

$$\ln\hat{a} = 0.5018 + 0.9349\ln a'$$

表 6-1　检测缺陷面积和实际缺陷面积结果

编号	1	2	3	4	5	6	7	8
检测缺陷面积/cm²	616.4	150.4	205.6	86.7	48.0	43.3	107.3	44.0
实际缺陷面积/cm²	614.9	186.2	266.6	111.1	75.1	50.2	132.7	51.9

编号	9	10	11	12	13	14	15
检测缺陷面积/cm²	140.9	351.9	473.2	156.7	568.8	540.8	381.1
实际缺陷面积/cm²	128.4	567.0	516.0	192.5	569.8	616.6	363.6

其标准差无偏估计量 $\hat{\sigma} = 0.1567$。从中可知，采用应力波断层成像技术检测树干内部腐朽后，利用二维图像计算缺陷面积大小，根据实际缺陷面积与检测缺陷面积回归方程，可对树干内部实际缺陷进行计算，可以降低直接使用断层图像中缺陷面积大小对立木危险性判断出现的误差，提高诊断与评价准确性。

第二节　树干强度损失及理论

一、树干强度损失及计算理论

对 8 棵树干健康材、腐朽材和空洞材的物理力学性质检测，结果见表 6-2。由表 6-2 可知，健康材的密度、抗弯弹性模量、抗弯强度和冲击韧性分别为 0.546g/cm³、64.32MPa、4.59MPa 和 36.5kJ/m²。腐朽或空洞存在使密度、抗弯弹性模量、抗弯强度和冲击韧性均降低，与健康材比较，分别降低了 11.4%、19.5%、14.4%、23.0%，腐朽越严重力学性质降低越明显，树干强度损失越大，立木倒塌或树干折断危险性越高。但是，树干强度降低值是通过破坏性检测得到，而在无损检测中需要进行非破坏方式计算树干强度损失，通过强度损失对危险性进行评价。

表 6-2　健康材与缺陷材物理力学性质

类型	密度/（g/cm³）	抗弯弹性模量/MPa	抗弯强度/MPa	冲击韧性/（kJ/m²）
健康材	0.546	64.32	4.59	36.50
腐朽和空洞材	0.484	51.75	3.93	28.12

惯性矩定义及公式：材料力学在解决杆系结构强度、刚度和稳定性的问题时，主要是通过公式计算来实现，常用到截面的几何量，如公式：

$$I = \int_A y^2 \mathrm{d}A \tag{6-10}$$

$$\sigma = My/I \tag{6-11}$$

式中，A 为面积（cm²）；I 为惯性矩（截面的几何量）（cm⁴）。M 为横截面上的弯矩（N·m）；y 为所求应力点至中性轴的距离（可认为是腐朽区域中检测点到树干中心距离）（cm）；σ 为机械应力。

它们从不同的角度反映了截面的几何特征，是杆系结构在外荷作用下进行强度、刚度和稳定性计算的基本几何量。

　　惯性矩计算如图 6-1 所示，任意形状截面及其平面内的坐标系 YOZ，在截面上坐标为（z, y）的任意点处取微面积 dA，则称 y^2dA 和 z^2dA 分别为微面积 dA 对 Z 轴和 Y 轴的惯性矩，其积分公式为

$$I_y = \int_A y^2 \mathrm{d}A \tag{6-12}$$

$$I_z = \int_A z^2 \mathrm{d}A \tag{6-13}$$

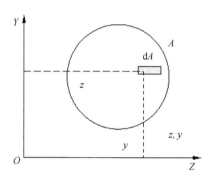

图 6-1　微面积对 Z 轴和 Y 轴惯性矩示意图

　　式（6-12）和式（6-13）分别定义为截面对 Z 的惯性矩和截面对 Y 的惯性矩。式（6-12）和式（6-13）为惯性矩的理论计算公式，它在对任意形状的截面的惯性矩计算时，因其无法积分而不能计算。只有在杆系截面为规则的形状时，方能通过积分计算来确定其截面的惯性矩。实际工程中，对受弯杆件的截面选择时，主要从有利于发挥材料的潜力以及满足结构刚度、稳定和便于施工等方面来进行考虑。通常选用的截面为矩形、工字形和 T 形等规则截面形状，因此，对于实际结构中所选择的截面的惯性矩，很容易运用公式积分求得。在截面弯曲变形时，中性轴通过截面形心，中性轴为截面形心主轴。即在单向弯曲变形时，计算强度和刚度所使用的惯性矩是对特定轴的惯性矩（形心主轴矩）。因此，在实际计算中我们只需计算形心主轴惯性矩[6]。

　　形心主轴与形心主轴惯性矩：如果主轴通过截面形心则该主轴称为形心主轴。截面对于形心主轴的惯性矩称为形心主轴惯性矩。对于具有对称轴的截面以及没有对称轴的截面都具有主轴。因此，只要其轴通过截面形心，则两者都具有形心主惯性矩。对于没有对称轴的截面，因其在应用中不多见，故不做讨论。现仅就具有对称轴的截面对其形心主轴惯性矩进行阐述，对于圆形截面（图 6-2），由于 Z 和 Y 轴心与圆形截面轴心一致，故形心惯性矩相等，公式如下：

$$I_z = I_y = \frac{\pi D^4}{64} \tag{6-14}$$

式中，D 为圆的直径（cm）。

　　树干强度损失率计算方法：为对古树名木危险性进行评价，可通过树干机械应力及其惯性矩 I 变化大小来判断，当树干内部出现腐朽时（空洞等缺陷也适用），惯性矩 I 降低，腐朽区域增加，树干惯性矩 I 减小，根据公式 $\sigma = My/I$ 机械应力 σ 也增加。惯性矩 I 降低程度取决于腐朽大小和部位，大的腐朽区域比小的区域惯性矩降低更多，且呈指

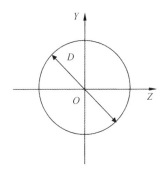

图 6-2　圆形截面形心主轴示意图

数规律降低。如果腐朽不发生在中心轴，惯性矩依然以呈指数规律降低。腐朽出现后，木材抵抗弯曲应力变小，惯性矩 I 值降低，由腐朽引起的截面惯性矩损失率（树干强度损失率）通过式（6-15）计算[7]：

$$I_{loss} = \frac{I_{decay}}{I_{stem}} \times 100\% \qquad (6-15)$$

式中，I_{loss} 为惯性矩损失率（%）；I_{decay} 为腐朽惯性矩（cm^4）；I_{stem} 为树干惯性矩（cm^4）。

　　公式（6-15）能够对腐朽引起的木材强度损失进行估算，其中需要计算健康材的截面惯性矩和腐朽材的截面惯性矩。在使用 $\int_A y^2 dA$ 计算腐朽材惯性矩时，A 代表腐朽区域面积，y 代表腐朽区域中心轴到腐朽边缘的距离。上述已说明，除非截面是对称的，否则计算截面惯性矩将会受到影响。在立木研究中，主要考虑两种截面形状，一种是圆形，另一种是椭圆形。对于圆形树干［图 6-3（a）］，只要截面轴心经过中心轴，即截面惯性矩是不变的；对于椭圆形［图 6-3（b）］，截面惯性矩主要看计算哪个中心轴，因为轴心长度不相等，圆形和椭圆形惯性矩计算公式为：

$$I_{circle} = \pi R^4 / 4 \qquad (6-16)$$

$$I_{ellipse}\ xx' = \pi a^3 b\ / 4\ ,\ yy' = \pi a b^3 / 4 \qquad (6-17)$$

式中，R 为圆形半径，a 为椭圆形 y 轴方向半径，b 为 x 轴方向半径（图 6-3）。

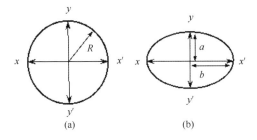

(a)　　　　　　　　　　(b)

图 6-3　圆形和椭圆形中心轴惯性矩示意图

　　当树干内部出现腐朽时，形心轴可出现两种情况，如图 6-4 所示。假设两圆形树干断面，其中一个腐朽区域中心在截面中心部位，另一个腐朽区域不在截面中心部位。对于前者，由于腐朽区域中心轴与截面中心轴一致，即有：

$$I_{\text{loss}} = \frac{\pi R_1^4 / 4}{\pi R_0^4 / 4} = \frac{R_1^4}{R_0^4} \times 100\% \qquad （6-18）$$

式中，R_0 为树的半径（cm）；R_1 为腐朽区域半径（cm）。

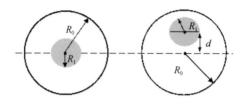

图 6-4　腐朽在截面形心轴示意图

对于腐朽区域中心与截面中心轴不在同一个轴线上，使用公式（6-15）计算惯性矩损失，但是需要找出腐朽区域的截面惯性矩，为了计算腐朽截面惯性矩，运用平行轴定理来进行计算。平行轴定理表明，截面对任一轴的惯性矩，等于截面对与该轴平行的形心轴惯性矩，再加上截面的面积与形心到该轴间距离平方的乘积或截面对任意两相互垂直轴的惯性矩，等于它对于与该两轴平行的两形心轴的惯性矩，再加上截面的面积与形心到该两轴间距离的乘积。对于树干腐朽区域中心轴与截面中心轴不一致的情况，惯性矩为

$$I_{\text{loss}} + A_{\text{decay}} d^2 \qquad （6-19）$$

式中，I_{loss} 为腐朽区域截面惯性矩（以腐朽区域轴心为中心轴）（cm^4）；A_{decay} 为腐朽区域面积（圆形面积为 $A_{\text{decay}} = \pi R_1^2$）（cm^2）；$d$ 为树干截面中心轴与腐朽区域中心轴间的距离（cm）。

根据公式（6-15）、式（6-18）、式（6-19）惯性矩损失计算式为

$$I_{\text{loss}} = \frac{\pi R_1^4 / 4 + \pi R_1^2 d^2}{\pi R_0^4 / 4} \times 100\% \qquad （6-20）$$

二、树干强度损失模型

树干内部由于腐朽、空洞、开裂等缺陷的存在，立木倒塌或树干折断的危险性大大增加，但由于树木是活的有机体，鉴于生长的环境、树龄、存在的缺陷及外界因素等多种原因，对立木倒塌进行准确预测对于研究者来说是一个难题。有研究者对该难题进行了大量研究并总结出一些用于评价立木危险性的模型，对于树干中出现腐朽后立木倒塌危险性研究可追溯至 1963 年，Wagener[8] 曾采用各向同性圆柱体（钢杆、铁管）强度损失公式 d^4 / D^4 作为立木树干折断计算公式。但是，由于树干并非都为圆形，且木材为各向异性材料，将各向同性强度损失计算式直接用于树干强度损失计算显然不适合，后将该公式修正为 d^3 / D^3（式中，d 为腐朽或空洞直径，D 为树干直径），并认为可以使用此模型作为立木危险性评价计算式，此模型曾被许多研究者用于树干出现腐朽后危险性评价[9-11]，但 Coder 研究认为通过调整危险性评价阈值，公式 d^4 / D^4 也能够用于圆形

树干腐朽后危险性评价计算[12]。

为了更好说明 Wagener 和 Coder 评价模型的评价原理，对两模型计算强度损失进行模拟。设某一树干平均直径为 100cm，当腐朽平均直径开始由 10cm 按 5cm 递增至 99cm 时，根据 Wagener 和 Coder 危险性评价模型计算树干强度损失，结果见表 6-3，其强度损失与腐朽直径和树干直径百分比关系如图 6-5 所示。由图 6-5 中可看出，强度损失随腐朽直径和树干直径百分比增大而增大；在腐朽直径与树干直径百分比小于 30% 时，强度损失增幅不明显，大于 30% 后增幅明显。Wagener 和 Coder 强度损失计算方法主要是在树干内部出现腐朽情况下使用，并未考虑树干内部腐朽后延伸至树干外部使外部形成裂口情况时的强度损失，即树干外部出现明显腐朽并形成凹陷时的强度损失。Smiley 和 Fraedrich[13] 研究认为采用公式：$[d^3 + R(D^3 - d^3)]/D^3$ 计算存在外部腐朽裂口的树干损失强度（式中，d 为内部腐朽或空洞直径；D 为树干直径；R 为树干裂口长度与树干周长比值）。Mattheck 和 Breloer[14] 基于柱体弯曲理论研究提出把木材腐朽断面中剩余健康材径向厚度（t）与树干半径（R）比值作为立木腐朽后危险程度评价参考值，其表达式为 t/R，即树干出现腐朽时，利用剩余健康材径向平均厚度与树干半径比值来对树干折断危险性进行评价。为对树干危险性进行有效评价，研究者均对每个模型设定了危险性阈值（惯性矩 I 损失率），各模型阈值见表 6-4。Wagener 和 Fraedrich 采用 33% 惯性矩 I 损失率作为危险性阈值，当损失率大于 33% 时立木处于危险级别，需采取保护和修复措施，反之为安全级别。Coder 认为立木损失率在 $20\% \leqslant I \leqslant 44\%$ 属于警惕级别，大于 44% 为危险级别，Mattheck 采用 t/R 值等于 0.3 作为评价阈值，小于 0.3 属于危险级别，反之为安全级别。

表 6-3　Wagener 和 Coder 评价模型强度损失结果

腐朽直径与树干直径百分比/%	Wagener 模型强度损失/%	Coder 模型强度损失/%
10	0.1	0.01
15	0.3	0.05
20	0.8	0.2
25	1.6	0.4
30	2.7	0.8
35	4.3	1.5
40	6.4	2.6
45	9.1	4.1
50	12.5	6.3
55	16.6	9.2
60	21.6	13.0
65	27.5	17.9
70	34.3	24.0
75	42.2	31.6
80	51.2	41.0
85	61.4	52.2
90	72.9	65.6
95	85.7	81.5
99	97.0	96.1

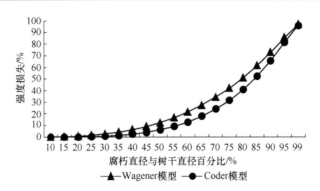

图 6-5　Wagener 和 Coder 模型强度损失曲线

表 6-4　各模型危险性评价阈值

评价模型	Wagener 模型	Coder 模型	Fraedrich 模型	Mattheck 模型
危险性阈值	33%	20%≤I≤44%（警惕）；>44%（危险）	33%	t/R =0.3

第三节　危险性评价

一、断层图像危险性评价

上述 4 个模型均能够用于立木危险性评价,除了 Mattheck 模型考虑腐朽区域与树干中心不在同一个中心上, Wagener、Coder 和 Fraedrich 模型适用于腐朽区域中心与树干中心相一致。为了更接近实际情况, 本节采用 t/R 作为危险性评价方法, 以比值为 0.3 作为危险性评价阈值, 在检测的 15 个圆盘断层图像以蓝色线条标注（图 6-6）。

图 6-6 中蓝色圆圈是以 t/R =0.3 为阈值的评价标准, 如果断层图像中腐朽区域面积大于蓝色线圈内的面积, 则可认为该立木处于危险级别。应力波断层成像技术对树干内部缺陷通过图像形式表示出来后, 根据选取的危险性阈值对立木危险性进行快速、直观、有效的评价, 但应注意在实际检测古树名木时, 检测树干断面应为胸径部位才具有代表性, 同时可以通过多部位检测进行评价, 提高危险性评价准确性。

二、Wagener、Coder 和 Mattheck 模型评价

根据检测的 15 个圆盘应力波断层图像, 分别采用 Wagener、Coder 和 Mattheck 模型计算树干惯性矩损失, 由于 Fraedrich 模型是计算树干外部存在裂口的情况, 而检测的 15 个圆盘中无外部裂口情况出现, 因此本节未使用 Fraedrich 模型计算惯性矩损失, 惯性矩损失结果见表 6-5。Wagener 模型危险性评价阈值为 33%, 大于此值判定为危险级别, 等于 33%为警惕级别, 小于 33%为无危险; Coder 模型危险阈值为 44%, 大于此值判定为危险级别, 在 20%≤ I ≤44%为警惕级别, 小于 20%无危险; Mattheck 模型危险性评价阈值为 0.3, 大于此值为无危险, 等于 0.3 为警惕级别, 小于 0.3 为危险级别, 根据上述阈值, 对 15 个圆盘进行危险性评价结果见表 6-6。

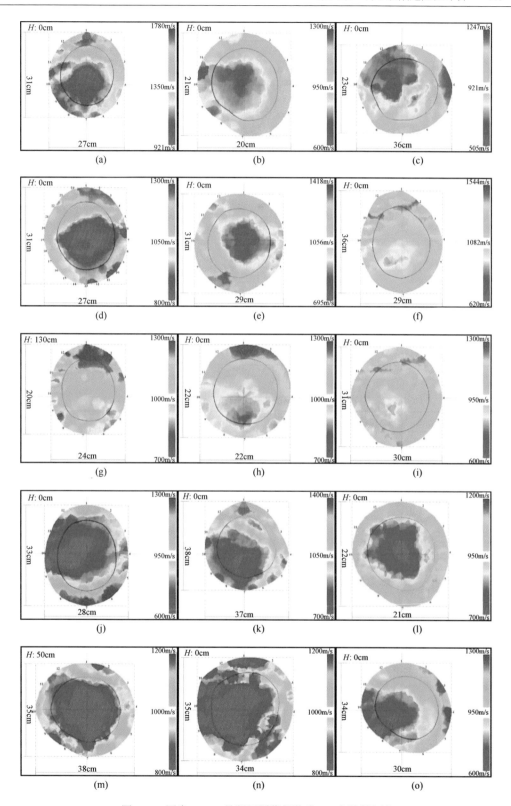

图 6-6　圆盘 1～15 号断层图像阈值为 0.3 危险性评价

表 6-5 不同模型评价实际圆盘和断层成像图像惯性矩损失

编号	应力波断层图像惯性矩损失			实际圆盘惯性矩损失		
	Wagener/%	Coder/%	Mattheck	Wagener/%	Coder/%	Mattheck
1	45.8	36.2	0.1	55.0	45.2	0.2
2	8.2	3.7	0.3	9.1	4.1	0.6
3	45.0	35.8	0.1	42.9	34.9	0.3
4	1.3	0.3	0.5	1.4	0.4	0.7
5	6.2	2.5	0.3	6.1	2.7	0.6
6	2.7	0.8	0.4	2.1	0.6	0.7
7	10.5	5.0	0.3	10.5	5.0	0.5
8	2.7	0.9	0.4	3.7	1.2	0.7
9	2.7	0.9	0.5	2.9	1.3	0.8
10	39.4	29.1	0.2	53.1	44.8	0.2
11	41.1	31.3	0.1	33.6	23.8	0.3
12	35.0	24.7	0.2	35.6	25.2	0.3
13	49.8	39.7	0.1	52.6	42.5	0.2
14	52.2	42.5	0.1	55.1	45.1	0.2
15	45.0	35.1	0.2	47.4	37.0	0.2

表 6-6 不同评价模型对树干危险性评价结果

编号	应力波断层成像危险性评价			实际圆盘危险性评价		
	Wagener	Coder	Mattheck	Wagener	Coder	Mattheck
1	危险级别	警惕	危险级别	危险级别	危险级别	危险级别
2	无危险	无危险	警惕	无危险	无危险	无危险
3	危险级别	警惕	危险级别	危险级别	警惕	警惕
4	无危险	无危险	无危险	无危险	无危险	无危险
5	无危险	无危险	警惕	无危险	无危险	无危险
6	无危险	无危险	无危险	无危险	无危险	无危险
7	无危险	无危险	警惕	无危险	无危险	无危险
8	无危险	无危险	无危险	无危险	无危险	无危险
9	无危险	无危险	无危险	无危险	无危险	无危险
10	危险级别	警惕	危险级别	危险级别	危险级别	危险级别
11	危险级别	警惕	危险级别	危险级别	警惕	警惕
12	危险级别	警惕	危险级别	危险级别	警惕	警惕
13	危险级别	警惕	危险级别	危险级别	警惕	危险级别
14	危险级别	警惕	危险级别	危险级别	危险级别	危险级别
15	危险级别	警惕	危险级别	危险级别	警惕	危险级别

由表 6-6 中可知，圆盘 1、3、10、11、12、13、14、15 评价结果均属于危险或警惕级别，其他圆盘评价结果属于无危险级别，但从惯性矩损失计算结果可看出，所检测的树干断面内均存在不同程度的腐朽或空洞。采用应力波断层成像技术检测后根据断层图像中缺陷大小对树干进行危险性评价有较高可靠性。与实际圆盘惯性矩损失评价结果相

比，Wagener 模型评价结果与实际评价结果一致性最高。但是，由于 Wagener 模型未考虑腐朽区域中心偏离树干中心情况，如果树干内部腐朽或空洞偏离树干中心时，将导致评价结果误差偏大，当以树干中心作为中心轴时，如果腐朽中心轴偏离中心轴较远，测量的腐朽直径往往小于实际直径，使树干惯性矩损失比实际损失值小，导致危险性被低估。Coder 模型直接由柱体惯性矩损失公式转换而来，未考虑树干非均匀性及木材的特性，但通过对阈值调整后，对危险性评价也取得较好结果，但与 Wagner 模型一样均未考虑腐朽中心偏离树干中心问题。Mattheck 模型考虑了腐朽中心偏离问题，遇到此类腐朽时具有更准确的评价结果。

检测缺陷惯性矩与实际圆盘惯性矩损失评价结果存在差异，从表 6-5 中可知，在检测结果与实际圆盘比较中，Wagener 模型评价除圆盘 3 号、5 号、6 号、7 号和 11 号大于或等于实际圆盘惯性矩损失外，其余均小于实际圆盘惯性矩损失。Coder 模型中除圆盘 3 号、6 号和 11 号大于实际圆盘惯性矩损失外，其余均小于等于实际圆盘惯性矩损失，而 Mattheck 模型计算的惯性矩损失均小于等于实际圆盘惯性矩损失。方差分析结果见表 6-7，从表中可知，通过断层图像计算的惯性矩损失与实际圆盘惯性矩损失在置信度95%均存在明显差异。为了降低检测惯性矩损失与实际惯性矩损失间的差异，采用 12 个传感器进行断层成像检测准确性还需进一步提高。

表 6-7　断层图像与实际圆盘惯性矩损失方差分析

模型类型	变差来源	平方和	自由度	平均平方和	F 值	显著性
Wagener	组间	7111.32	11	646.48	170.05	0.000**
	组内	11.41	3	3.82		
	总计	7122.72	14			
Coder	组间	5166.88	13	397.45	79490.45	0.003**
	组内	0.005	1	0.005		
	总计	5166.88	14			
Mattheck	组间	0.70	4	0.18	57.94	0.000**
	组内	0.03	10	0.003		
	总计	0.73	14			

**置信度 0.05 达显著性水平

从上述研究分析可见，当腐朽或空洞部位、形状类似于柱体中空情况时，3 种评价模型均能对树干惯性矩损失提供合理的评价，当树干腐朽延伸至外部并使树干形成裂口情况时应采用 Fraedrich 模型评价，当腐朽或空洞中心轴偏离树干中心轴较远，应采用 Mattheck 模型来进行评价。应力波断层成像技术检测树干内部缺陷能够对立木危险性提供定量评价，为我国古树名木保护提供了先进的无损检测及立木危险性评价方法。

主要参考文献

[1] Kane B, Ryan D, Bloniarz D V. Comparing formulae that assess strength loss due to decay in trees[J]. Journal of Arboriculture, 2001, 27(2): 78-87.

[2] Robbins K. How to recognize and reduce tree hazards in recreation sites[R]. USDA Forest Service,

Northeastern Area,1986: 8.

[3] Albers J, Hayes E. How to detect, assess and correct hazard trees in recreational areas[R]. Minnesota Department of Natural Resources, St. Paul, MN, 1993: 63.

[4] Kennard D K, Putz F E, Niederhofer M. The predictability of tree decay based on visual assessments[J]. Journal of Arboriculture, 1996, 22(6): 249-254.

[5] 傅惠民, 刘登第. 无损检测模糊理论及其应用[J]. 航空动力学报, 1999, 14(3) : 225-230.

[6] 孙训方. 材料力学. 第四版[M]. 北京: 高等教育出版社, 2002: 78-90.

[7] Kane B C, Ryan III H D P. The accuracy of formulas used to assess strength loss due to decay in trees[J]. Journal of Arboriculture, 2004, 30(6): 347-356.

[8] Wagener W W. Judging hazards from native trees in California recreational areas: A guide for professional foresters[R]. USFS Research Paper PSW-P1, 1963: 29.

[9] Mills L J, Russel K. Detection and correction of hazard trees in Washington's recreation areas[R]. DNR Repot No.42. Washington's State Department of Natural Resource, Olympia, WA. 1989: 37.

[10] Lucas R C. Outdoor Recreation Management//Wegner K F. Forestry Handbook[M]. 2nd Ed. New York: Wiley and Sons, 1989: 801-886.

[11] Matheny N P, Clark J R. A photographic guide to the evaluation of hazard trees in urban areas[J]. International Society of Arboriculture, Champaign, 1993: 37.

[12] Coder K D. Should you or shouldn't you fill tree hollows[J]. Grounds Maintenance, 1989, 24(9): 68-70, 98-100.

[13] Smiley E T, Fraedrich B R. Determining strength loss from decay[J]. Journal of Arboriculture, 1992, 18(4): 201-204.

[14] Mattheck C, Breloer H. The body language of trees: a handbook for failure analysis[M]. London, UK: HMSO, 1994: 240.

第七章　树干健康状况诊断与评价

2001 年国家林业局开展了"中国可持续发展战略研究",提出了城市林业的总体战略目标是到 2050 年建设一个以林木为主体,森林与其他植被协调配置的城市森林生态网络体系,全国 70%的城市林木覆盖率达到 45%以上,因此城市绿化树、景观树、行道树等保护需引起重视[1]。城市树木内部腐朽是常见的一种缺陷,对树木自身生长及木材使用存在危害,腐朽严重影响了木材的物理性质,使木材重量减轻、吸水性增大,显著降低抗弯和抗压强度。即使在真菌腐朽的初期,木材的力学强度也会发生急剧降低[2]。立木健康状况评价的关键是要充分了解和掌握木材缺陷的分布及产生原因、影响和蔓延程度,对其形成规律进行准确分析和判断。只有掌握内部腐朽发生发展和变化信息,才能更好地预测立木健康状况。现今对立木树干缺陷诊断投入的研究力度逐渐加大,采用的技术也在不断改善和更新[3]。

目前,在立木树干检测中使用的技术主要有微创伤检测技术,包括生长锥(increment borer)、阻力仪(resistograph)和电阻安培计(shigometer);无损检测技术,包括应力波断层成像技术、超声波断层成像技术、射线成像技术、热成像检测技术和雷达波检测技术。在树干内部缺陷检测方面,国外研究者采用上述检测技术进行了大量的基础性研究,并不断研发和改进相关检测设备[4-7]。在使用声波成像技术诊断木材腐朽中,检测技术受木材各向异性影响,研究认为波形信号变化对木材异质性过于敏感不适合用于检测木材腐朽,建议忽略波形和振幅信息而进一步发展传播时间变换运算法则来重构图像[8]。但通过采集传播时间进行成像检测中存在波速不均性问题,需研究新的传播时间修正方法来消除各向异性的影响[9]。波的传播与缺陷种类存在密切相关,使用应力波检测技术对立木缺陷识别需进行深入探讨。

古树是人类历史的文化遗产,我国有大量的古树资源,由于年代久远都有不同程度的枯枝腐朽、空心、断裂等危害,同时缺乏有效的检测技术和保护措施,使古树数量急剧减少,许多古树濒临死亡,造成无可挽回的损失。因此古树健康状况诊断引起了城市林业管理者及部分研究者的关注[10, 11]。古树是具有特殊的历史文化传承资源,其内部缺陷诊断需引入无损伤检测技术才能避免在检测过程中造成人为损伤,实现无损伤条件下对树干内部腐朽、空洞和开裂等缺陷有效诊断。

然而,古树缺陷诊断存在问题较多,如树干形状不规则、缺陷种类及程度多样化等导致诊断准确性下降。我国研究者在该领域已开展了相关研究[12, 13],主要借助不同类型的无损检测技术对缺陷进行识别,从前期通过数值判断树干健康或非健康材状态逐步发展至缺陷可视化识别。可视化诊断方式是通过计算机和成像技术对木材内部缺陷进行诊断,以图像方式显示内部缺陷位置、大小及形状等信息。在成像技术中,应力波断层成像在立木检测中具有较多优势且能达到较好的成像识别效果,因此该技术在立木检测中得以推广应用。

本章以城市绿化树泡桐、古树国槐和油松为研究对象，采用应力波断层检测技术对树干内部腐朽、空洞进行诊断分析，通过二维彩色图像实现古树腐朽、空洞可视化，并探讨在二维图像基础上构建树干三维图像方法，为古树名木缺陷诊断提供先进技术。

第一节　泡桐立木缺陷诊断与评价

一、检测方法

选取城市景观树 16 株兰考泡桐（*Paulownia elongate* S.Y. Hu）作为检测样木，样木树龄约 30 年，胸径在 35.1～80.9cm，基本情况见表 7-1。

表 7-1　兰考泡桐立木基本情况

编号	胸径/cm	树高/m	树干外观和树冠情况
1	80.9	14.6	健康，树冠生长良好
2	58.1	14.2	健康，树冠生长良好
3	49.5	13.8	健康，树冠生长良好
4	55.6	6.2	树干无腐朽，树冠被砍伐
5	42.5	14.7	健康，树冠生长良好
6	39.6	15.0	健康，树冠生长良好
7	49.1	14.5	健康，树冠生长良好
8	40.8	14.3	树基小面积腐朽，树冠生长良好
9	49.8	15.1	健康，树冠生长良好
10	35.7	15.6	健康，树冠生长良好
11	35.1	13.9	健康，树冠生长良好
12	43.6	14.3	健康，树冠生长良好
13	37.3	15.3	健康，树冠生长良好
14	54.0	15.7	树干东面高 2～4.5m 出现腐朽
15	53.1	14.8	健康，树冠生长良好
16	40.9	13.0	健康，树冠生长良好

使用德国 Argus Electronic GmbH 生产的应力波树木断层成像诊断装置（PiCUS Sonic Tomography）进行检测，该装置配备 12 个传感器，检测步骤如下所述。

（1）确定检测树干高度位置（本实验设定检测高度分别为 10cm、50cm、100cm，若在 100cm 高度上出现腐朽，将对 150cm 处进行检测），用皮尺测量检测部位周长并计算断面直径；

（2）对检测断面按 12 等分（编号 1，2，3，…，12）将钢钉沿逆时针方向钉入树干内部，直至钢钉与木材连接稳固；

（3）将传感器固定皮带在检测断面上方围绕一圈，按序号沿逆时针方向依次将传感器与钢钉连接，1 号传感器与数据采集器相连，数据采集器与计算机连接，12 号传感器与脉冲锤连接，传感器安装如图 7-1 所示；

（4）运行 PiCUS Sonic Tomography 软件，打开数据采集器，依照软件系统操作顺序，先设定断面基本信息（包括周长、直径、高度等），并使用 PiCUS 角规仪测量传感器间距离，用于模拟树干断面形状；

（5）完成断面形状模拟后，转换至传播时间采集选项，用脉冲锤依次敲击每个传感器上的振动棒，每个传感器敲击 3 次，PiCUS Sonic Tomography 软件自动记录每次敲击的传播时间，并计算波速；

（6）重构树干断面内部图像，保存结果，关闭开关，依次取下传感器，重复上述步骤，对需检测的其他断面进行检测。

图 7-1　SoT 系统检测兰考泡桐示意图

二、健康断面诊断

通过应力波断层成像检测 16 株泡桐共 63 个树干断面中，根据断层图像诊断结果共有 23 个断面诊断为健康断面。健康材断层图像中颜色显示褐色为主，在所诊断健康断面中没有出现明显的低波速区，对全部健康断面逆时针方向传播的 11 条路径取波速平均值分别为 831m/s、989m/s、1074m/s、1134m/s、1180m/s、1195m/s、1180m/s、1138m/s、1075m/s、989m/s 和 835m/s。从图 7-2 中可看出，部分断层图像检测点间存在蓝色或绿色小区域（齿状星形区域），这些区域并非由腐朽引起，而是应力波沿树干圆周弦向传播形成低波速造成，在颜色赋值时受到了影响，形成类似小面积腐朽的颜色区域。为消除弦向和径向差异形成的蓝色区域，在 SoT 系统中可采用以下两种方法解决：一是应力波传播时间采集后，在图像重构中对重构数据进行修正，减小差异值；二是对重构数据的每一个值进行增加或降低修正，修正数值范围在 –100～+100。然而在执行该方法时，若断面中存在小面积腐朽，修正结果可能使小面积腐朽区域被覆盖无法正常显示，不利于诊断。

齿状星形区域易于出现在密度较低的树种，如杨树、泡桐、杉木。当图像重构后需要对图像内是否存在腐朽进行判断时，应先排除齿状星形区域的影响，对存在齿状星形区域的图像采取修正方法，更有利于提高诊断结果的准确性。此外可结合其他检测方法，如阻力仪或电阻断层成像技术，对不确定的区域进行验证，避免错误诊断结果出现。

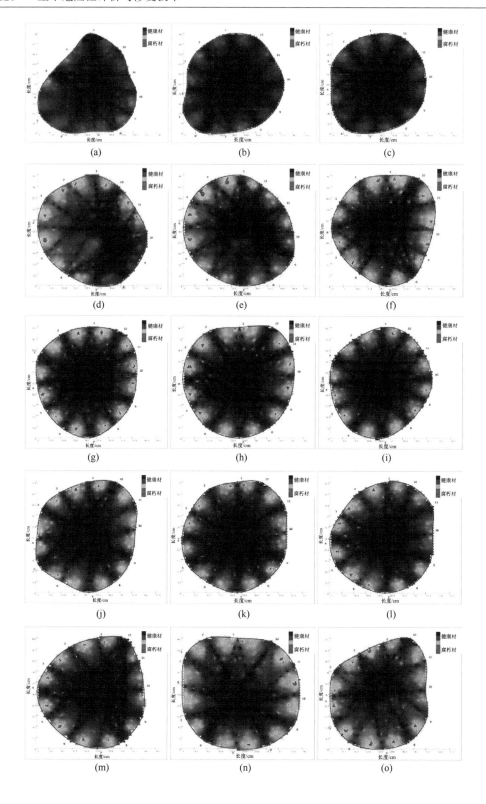

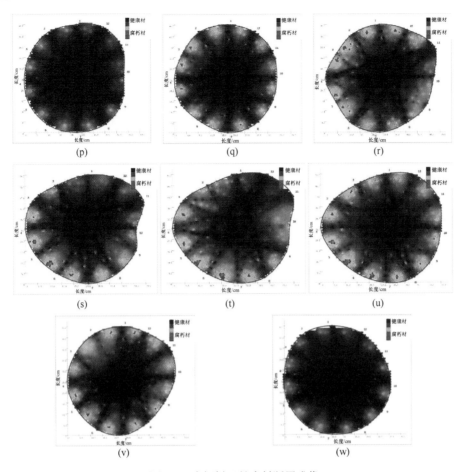

图 7-2　泡桐树干健康材断层成像

三、小面积或轻度腐朽诊断

图 7-3 为树干断面出现小面积或轻度腐朽的断层图像，图中蓝色区域为严重腐朽，绿色区域为轻度腐朽。对于小面积腐朽的诊断应力波断层成像技术能一定程度上提供腐朽位置、大小、形状等信息，然而当腐朽面积较小时由于精度问题难以准确显示。如［图 7-3（h）、（i）］中，图像中间出现直径约 13cm 和 10cm 的圆形区域，该区域为轻度腐朽显示结果，在采用 12 个传感器重构此类腐朽可通过增加传感器数量（增加至 24 个传感器）对腐朽区域进行重构，图像效果可进一步改善，即为提高小面积腐朽诊断，通过增加传播器数量来增加传播路径从而得到更多的投影数据来重构图像。尽管以增加传感器数量来提高检测精度在一定程度上有效，但增加传感器数量不能从根本上解决准确性问题，需通过改进传播路径旅行时数据采集和成像算法相结合来解决。

四、严重腐朽诊断

图 7-4 为 18 个严重腐朽断面图像，从图可知应力波断层检测技术能有效显示树干内部大面积腐朽，且诊断准确性高。树 3 的 3 个断面中高 10cm 和 50cm 部分腐朽严重，

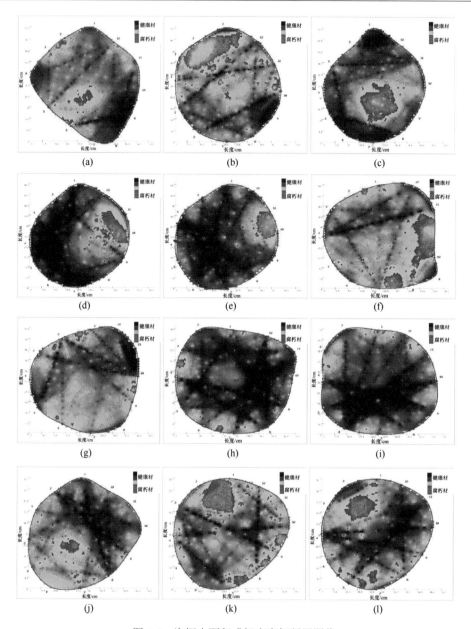

图 7-3 泡桐小面积或轻度腐朽断层图像

使部分腐朽区域形成空洞，而高 100cm 处腐朽程度低于 10cm 和 50cm 部位［图 7-4（a）、（b）、（c）］，但在传感器 1-2 附近（树干外部木材腐朽）出现腐朽使腐朽面积大于其余两个检测断面，3 个高度腐朽面积分别占断面面积的 48%、44% 和 51%（表 7-2）。

　　树 5 的 4 个检测断面中有 3 个断面（10cm、50cm、100cm）腐朽已由内向外延伸至树干外部［图 7-4（d）～（g）］。根据断层图像诊断认为树干中间部位已向空洞阶段发展，腐朽面积分别占断面面积的 65%、80% 和 86%，而高 150cm 处腐朽面积占断面面积的 48%，可知树干腐朽面积由树基向上逐渐降低。树 10 3 个断面中，高 10cm 和 100cm 处木材腐朽程度高于 50cm 处，50cm 处主要以轻度腐朽为主［图 7-4（h）～（j）］，3 个高度腐

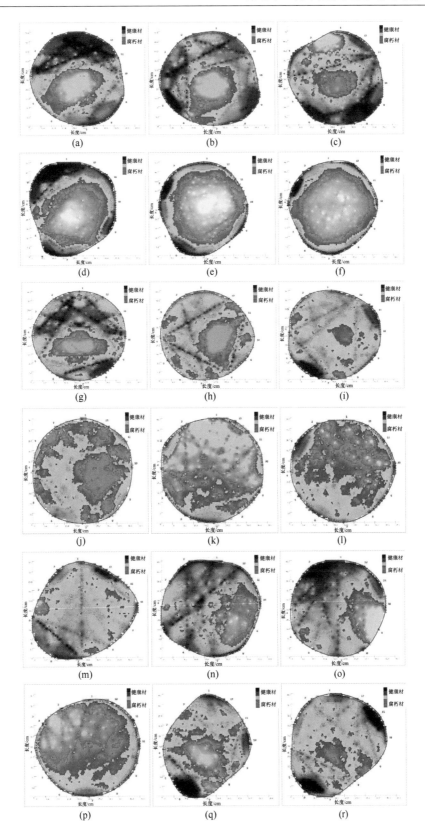

图 7-4　泡桐严重腐朽断层图像

表 7-2 泡桐树干健康与非健康材占断面面积比例

编号	高度/cm	健康材/%	非健康材/%		
			轻度腐朽	严重腐朽	合计
3	10	52	20	28	48
	50	56	16	28	44
	100	49	25	26	51
5	10	35	12	53	65
	50	20	12	68	80
	100	14	13	73	86
	150	52	26	22	48
10	10	28	37	35	72
	50	37	51	12	63
	100	8	37	55	92
11	10	7	13	80	93
	50	12	31	57	88
	100	10	20	70	90
13	10	26	36	38	74
	50	36	48	16	64
	100	43	50	7	57
16	10	51	23	26	49
	50	52	25	23	48

朽面积分别占断面面积的 72%、63%和 92%。树 11 与树 5 腐朽情况类似，树干断面以大面积腐朽为主，但与树 5 相比其腐朽程度略低。3 个高度腐朽面积占断面面积比例分别为 93%、78%和 90%。树 13 尽管出现大面积腐朽，然而仅 10cm 处为严重腐朽，其余以轻度腐朽为主，腐朽面积比例分别为 74%、64%和 57%。树 16 高 10cm 和 50cm 处腐朽出现在传感器 8-10，腐朽由外向内发展，而高 100cm 部位未发现腐朽［图 7-4（q）～(r)］，两断面腐朽面积比例分别为 49%和 48%。从中可知，断层图像除了能提供树干内部腐朽位置、形状及程度等信息外，可计算腐朽面积占整个树干断面面积的比例，为树干健康状况评价提供科学参考。

五、树干断面波速规律与诊断

表 7-3 为 21 个健康断面波速传播拟合结果，树干断面应力波传播（圆周传播）以弦向—径向—弦向变化，遵循先增加后降低的抛物线 $y=ax^2+bx+c$ 函数（抛物线开口向下，$a<0$）。根据函数拟合结果，全部健康断面决定系数（R^2）范围在 0.9565～0.9977，总体平均决定系数为 0.9942。对存在腐朽的断面，由于腐朽对应力波传播的影响使波速低于健康材波速，弦向—径向—弦向变化规律产生变化，使拟合方程偏离或不遵循开口向下的二次函数规律，在拟合中决定系数能反映缺陷程度，如树 3-10cm 部位小面积腐朽波速拟合决定系数仅为 0.4503。当大面积严重腐朽占整个断面时传播规律遵循先减小再增加的抛物线函数（抛物线开口向上，$a>0$），如树 5-50cm 拟合方程为 $y=12.719x^2-152.06x+882.5$，决

定系数为 0.8654。图 7-5 分别是树 1 至树 16 不同高度应力波沿树干断面传播规律，从图中可看出波速遵循先增加后降低的抛物线变化模式均属于健康断面。当腐朽存在使波的传播受到影响后，波速在树干断面传播规律改变，变化规律存在以下方式。

表 7-3　泡桐健康断面波速多项式拟合

| 编号 | 高度/cm | 拟合多项式：$y=ax^2+bx+c$ | | | R^2 |
		a	b	c	
1	10	−15.26	183.29	777.43	0.9972
	50	−14.30	172.15	775.88	0.9926
	100	−13.79	165.09	768.61	0.9927
2	50	−11.52	138.61	770.34	0.9565
	100	−12.02	144.74	745.41	0.9760
4	10	−15.01	180.31	669.40	0.9912
	50	−16.34	192.75	629.66	0.9972
	100	−15.88	190.95	650.71	0.9977
6	150	−14.42	173.30	583.43	0.9883
7	10	−14.46	174.86	680.01	0.9947
	50	−14.35	172.50	700.01	0.9894
	100	−14.17	169.64	678.41	0.9936
8	100	−14.83	177.50	621.29	0.9866
9	100	−14.00	168.45	656.91	0.9912
12	100	−13.06	159.26	680.57	0.9859
14	10	−13.30	158.85	683.52	0.9974
	50	−12.72	153.37	714.28	0.9847
	100	−12.38	147.72	718.25	0.9837
	150	−14.72	176.81	648.45	0.9933
15	150	−15.00	180.60	645.90	0.9941
16	100	−14.25	171.11	656.59	0.9736

（1）存在小面积腐朽，如果腐朽位置出现在断面中间，抛物线顶点下降，形成小范围凹陷形状，即先增加后降低再增加再降低变化模式，腐朽面积越大凹陷形状越大，如树 2-10cm、3-150cm、6-10cm（或 50cm）、8-10cm（或 50cm）、9-10cm（或 50cm）、15-10cm。如果腐朽位置不在断面中间，抛物线变化规律与健康断面类似，没有形成凹陷形状，但抛物线顶点明显低于健康断面顶点，如树 15-50cm（或 100cm）。

（2）存在大面积腐朽，尤其腐朽已分布在整个断面时，抛物线开口向上形成先减小再增加趋势，如树 5-10cm、50cm、100cm。当腐朽未全部分布在断面或属于边部腐朽时，波速变化规律与小面积腐朽类似，如树 3-10cm（或 50cm、100cm）、16-10cm（或 50cm）。

因此，除了通过断层图像对树干进行诊断外，还可使用应力波传播规律对检测断面作健康与非健康情况判断，尤其在断层图像颜色变化区别不明显，对健康或非健康断面难以准确判断时（如出现轻度腐朽或小面积腐朽），可采用图像与传播规律相结合方式对健康或非健康进行诊断，提高诊断准确性。

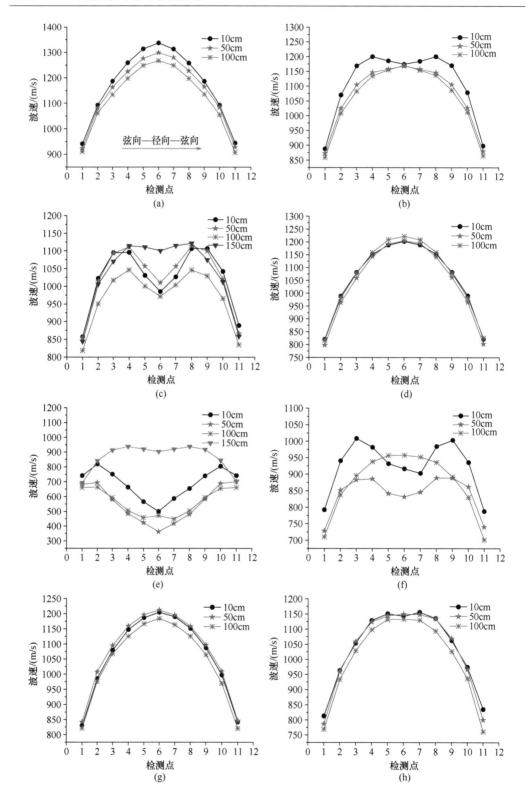

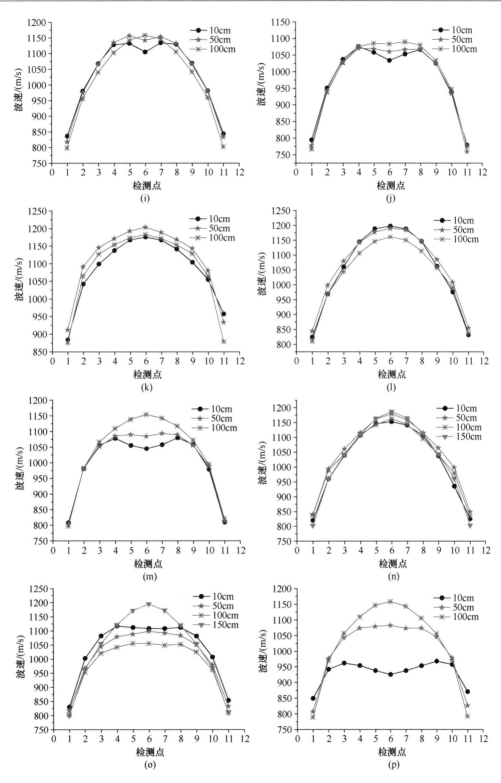

图 7-5　泡桐 1～16 树干不同高度断面波速变化

第二节　古树树干健康状况诊断与评价

一、检测方法

选取北京植物园古树国槐（*Sophora japonica* Linn.）13 株，油松（*Pinus tabulaeformis* Carr.）2 株。15 株古树中一级古树 10 株（年龄：300 年以上），二级古树 5 株（年龄：100～300 年）。对选取古树基本情况进行调查，根据树干情况，选取不同高度进行应力波断层成像检测，15 株古树基本情况见表 7-4。

表 7-4　古树国槐和油松基本信息

序号	树种	位置	年龄	级别
1	国槐	洋墓北侧，靠东	300 年以上	一级
2	国槐	洋墓北侧，靠中	300 年以上	一级
3	国槐	洋墓北侧，靠西	300 年以上	一级
4	国槐	树木区，小庙北侧	300 年以上	一级
5	国槐	树木区，小庙南侧	300 年以上	一级
6	国槐	树木区，小庙南侧	300 年以上	一级
7	国槐	西碉楼，西侧	300 年以上	一级
8	国槐	北湖南岸木观景台	300 年以上	一级
9	国槐	温室南东侧绿地内	100～300 年	二级
10	国槐	温室南东侧绿地内	100～300 年	二级
11	国槐	温室南东侧绿地内	100～300 年	二级
12	国槐	牡丹园，南门入口处假山东侧	300 年以上	一级
13	国槐	牡丹园，南门入口亭子东南	300 年以上	一级
14	油松	8 号院内，北院	100～300 年	二级
15	油松	8 号院内，南院	100～300 年	二级

使用德国 Argus Electronic GmbH 生产的应力波树木断层成像诊断装置（PiCUS Sonic Tomography）进行检测，该装置配备 12 个传感器（图 7-6），检测步骤如下所述。

1）确定检测树干高度位置（检测高度分别为 50cm、100cm、150cm，其中树 7 检测高度为 50cm、100cm、130cm、170cm，树 15 增加 200cm、300cm、400cm 和 500cm 4 个高度），用皮尺测量检测树干水平周长并计算断面直径；

2）对圆形或椭圆形检测断面按 12 等分（编号 1，2，3，…，12）（若树干为非规则形状，依情况把树干分为 12 个非等分点），将钢钉沿逆时针方向钉入树干内部，直至钢钉与木材连接稳固；

3）将传感器固定皮带在检测断面上方围绕一圈，按序号沿逆时针方向依次将传感器与钢钉连接，1 号传感器与数据采集器相连，数据采集器与计算机连接，12 号传感器与脉冲锤连接，传感器安装如图 7-1 所示；

4）运行 PiCUS Sonic Tomography 软件，打开数据采集器，依照软件系统操作顺序，先设定断面基本信息（包括周长、直径、高度等），并使用 PiCUS 角规仪测量传感器间距离，用于模拟树干断面形状（对于直径较大的树干采用三基线方法模拟树干形状）；

5）完成断面形状模拟后，转换至传播时间采集选项，用脉冲锤依次敲击每个传感器上的振动棒，每个传感器敲击3次，PiCUS Sonic Tomography软件自动记录每次敲击的传播时间，并计算波速；

6）重构树干断面内部图像，保存结果，关闭开关，依次取下传感器，重复上述步骤，对需检测的其他断面进行检测。

(a) (b)

图 7-6　古树国槐和油松树干断层成像检测示意图

二、古树国槐断层成像诊断

（一）二维成像

由于国槐1约有一半树干为水泥修复后所形成的树干形状，见图7-7（a），检测中水泥修复位置不适宜固定传感器，所以断层结果显示仅为剩余木材部分。检测结果表明3个高度树干存在严重腐朽（蓝色或紫色为空洞或严重腐朽，绿色为轻度腐朽，褐色为健康材），断层图像表明树干剩余木材为弧形薄层。图7-8（a）传感器2-3、8-9间，图7-8（b）传感器2-7、12-1间和图7-8（c）传感器2-4间为褐色区域，为健康材。把水泥清除后树干形状由柱状变为半弧状，严重腐朽使树干大部分木材败坏仅留下 2～8cm 厚弧形树干，应力波断层检测结果与实际观察情况一致。

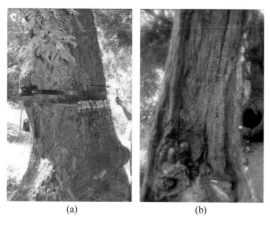

(a) (b)

图 7-7　国槐1水泥修复树干和清除水泥后树干

图 7-9 为国槐 2 树干 3 个断面检测结果。从断层图像可知，树干内部存在大面积非健康材（腐朽和空洞）。在高 50cm、100cm、150cm 处最大波速分别为 1354m/s、1279m/s 和 1402m/s，最小波速分别为 277m/s、176m/s 和 275m/s。根据断层图像中颜色分布，3个断面中非健康材占树干断面面积比例分别为 85%、80% 和 80%，而健康材所占比例远小于非健康材，非健康材随树干高度增加而减少（图 7-10）。结合断层图像认为树干内部存在大面积空洞，树干处于中空状态，认为腐朽由树干基部向上延伸。

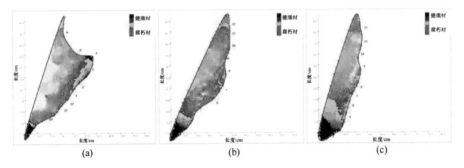

图 7-8 国槐 1-50cm、1-100cm、1-150cm 断层图像

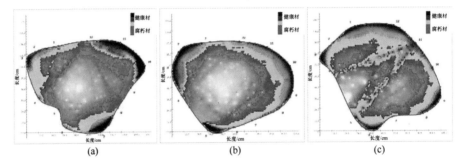

图 7-9 国槐 2-50cm、2-100cm、2-150cm 断层图像

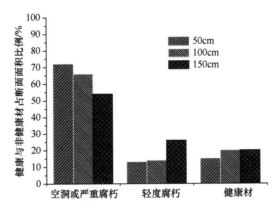

图 7-10 国槐 2 健康与非健康材占树干断面面积比例

国槐 3 与国槐 1 树干腐朽情况相类似（图 7-11 和图 7-12），由于木材败坏导致树干大部分木材缺失仅剩余弧形树干。在高 50cm、100cm、150cm 处剩余弧形树干直径分别为 84.6cm、72.4cm、82.5cm，剩余树干厚度约为 16cm、10cm 和 16cm。3 个断面最大

波速分别为 1845m/s、1754m/s 和 1840m/s，最小波速分别为 785m/s、659m/s 和 801m/s。该树干波速并没有出现低的数值，主要是传感器间布置在弧形树干中，传感器间的应力波通过健康或轻度腐朽木材内传播，形成较快的波速值。

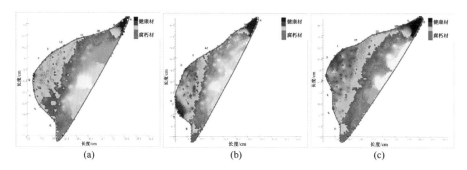

图 7-11 国槐 3-50cm、3-100cm、3-150cm 断层图像

图 7-12 国槐 3 水泥修复树干和清除水泥后树干

国槐 4 树干 3 个断面检测结果发现存在大面积非健康材（图 7-13），在高 50cm、100cm、150cm 处最大波速分别为 1815m/s、1564m/s 和 1757m/s，最小波速分别为 202m/s、335m/s 和 357m/s。根据断层图像中颜色分布，计算空洞或严重腐朽、轻度腐朽及健康材占整个断面面积的比例结果见图 7-14。3 个断面中非健康材分别占 80%、80% 和 68%，根据断层图像颜色变化认为，树干内由于木材严重腐朽后形成空洞，树基部位空洞面积大于上部。在高 50cm 处传感器 2-4、6-7、11-12 间，高 100cm 处传感器 3-5 间和高 150cm 处传感器 3-4 间树干内部腐朽已延伸至外部，使树干出现外部木材缺失现象。

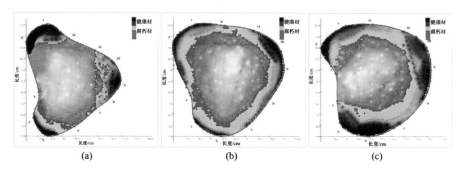

图 7-13 国槐 4-50cm、4-100cm、4-150cm 断层图像

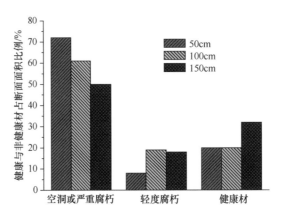

图 7-14 国槐 4 健康与非健康材占树干断面面积比例

图 7-15 是国槐 5 的 3 个高度检测结果，检测断面均出现空洞或严重腐朽区域。在高 50cm、100cm、150cm 处最大波速分别为 1872m/s、1860m/s 和 1842m/s，最小波速分别为 381m/s、522m/s 和 530m/s。根据断层图像中颜色分布，计算空洞或严重腐朽、轻度腐朽及健康材占整个断面面积的比例，结果见图 7-16。3 个断面中非健康材分别占70%、69% 和 67%，其中 50cm 处木材空洞或严重腐朽占断面面积的 56%。3 个断面腐朽区域由树基向上延伸，尽管树干内部腐朽及空洞均为大面积出现，但树干未形成外部空洞现象，与树干实际观测结果一致。

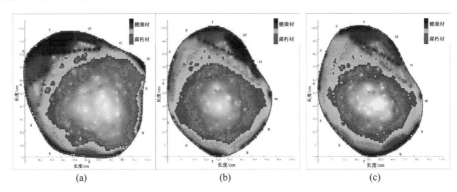

图 7-15 国槐 5-50cm、5-100cm、5-150cm 断层图像

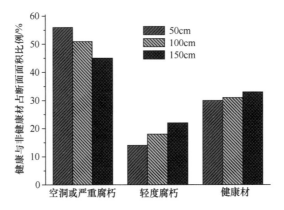

图 7-16 国槐 5 健康与非健康材占树干断面面积比例

　　图 7-17 为国槐 6 的 3 个高度检测结果，检测断面均出现空洞或严重腐朽区域。高
50cm 处树干外部存在大面积空洞，仅有传感器 2-6、7-8、11-12 间有健康材留存，100cm
处传感器 2-6 和 7-12 间、150cm 处传感器 1-6 和 7-11 间有健康材留存。3 个检测断面中
由于腐朽形成树干裂口在传感器 6-7 间，树干裂口宽 110～130cm，根据断层图像中颜色
分布，计算空洞或严重腐朽、轻度腐朽及健康材占整个断面面积的比例结果见图 7-18。
从图可知，树干高 50cm、100cm、150cm 中非健康材分别占 89%、73%和 77%，其中
50cm 处木材空洞或严重腐朽占断面面积的 77%。

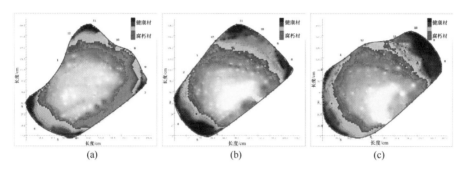

(a)　　　　　　　　　　　(b)　　　　　　　　　　　(c)

图 7-17　国槐 6-50cm、6-100cm、6-150cm 断层图像

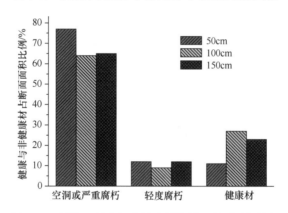

图 7-18　国槐 6 健康与非健康材占树干断面面积比例

　　图 7-19 是国槐 7 的 4 个高度检测结果，检测断面均出现空洞或严重腐朽区域。4 个
高度最大波速分别为 1490m/s、1424m/s、1357m/s 和 1548m/s，最小波速分别为 179m/s、
274m/s、273 m/s 和 280m/s。空洞或严重腐朽、轻度腐朽及健康材占整个断面面积比例
见图 7-20，4 个断面检测结果显示树干以空洞为主，即树干仅有一层维持立木生长的外
围木材。树干高 50cm、100cm、130cm 和 170cm 处非健康材分别占 91%、81%、81%和
85%，其中 50cm 处木材空洞或严重腐朽占断面面积达 81%。尽管树干空洞面积所占断
面面积比例较大，但树干形状保持完好，未出现腐朽导致外部木材及树皮缺失。

　　图 7-21 是国槐 8 的 3 个高度检测结果，检测断面均出现空洞或严重腐朽区域。3 个高
度最大波速分别为 1584m/s、1545m/s 和 1603m/s，最小波速分别为 265m/s、337m/s 和 224m/s。
空洞或严重腐朽、轻度腐朽及健康材占整个断面面积的比例结果见图 7-22。从图可知 3 个
断面检测结果显示树干以空洞为主，树干高 50cm、100cm、150cm 处非健康材分别占 74%、
79%和 81%。所检测 3 个高度中，传感器 5-6 间形成木材缺失导致树干形状不完整。

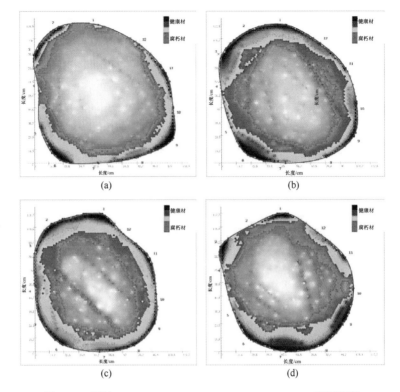

图 7-19　国槐 7-50cm、7-100cm、7-130cm、7-170cm 断层图像

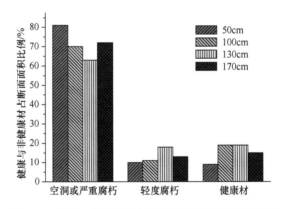

图 7-20　国槐 7 健康与非健康材占树干断面面积比例

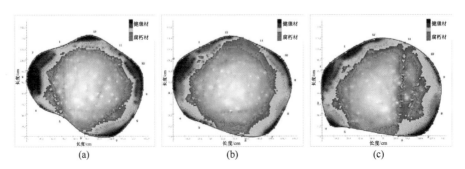

图 7-21　国槐 8-50cm、8-100cm、8-150cm 断层图像

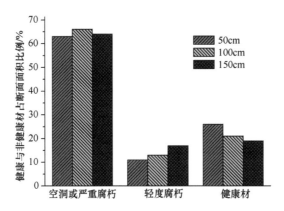

图 7-22　国槐 8 健康与非健康材占树干断面面积比例

图 7-23 为国槐 9 的 3 个高度检测结果。在高 50cm 处存在大面积腐朽，但认为腐朽还未形成空洞，整个断面中腐朽最严重部位在传感器 9-11 附近，可预测随时间的推移该部位木材将形成小面积空洞。高 100cm 处严重腐朽面积比 50cm 处少，但是从断层图像颜色变化可知在传感器 9-11 附近的木材已腐烂形成了空洞。高 150cm 处的腐朽程度最为严重，空洞或严重腐朽占断面面积的 80%，空洞面积比 50cm 处大，根据 3 个断面腐朽的情况认为树干腐朽是由上向下延伸。3 个高度最大波速分别为 1636m/s、1667m/s 和 1494m/s，最小波速分别为 1038m/s、729m/s 和 960m/s。空洞或严重腐朽、轻度腐朽及健康材占整个断面面积的比例见图 7-24，非健康材占断面面积比例分别为 91%、84% 和 91%。

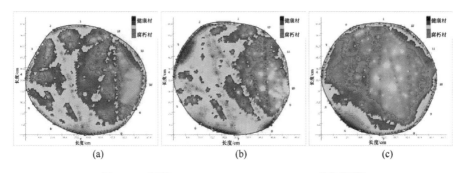

(a)　　　　　　　　　(b)　　　　　　　　　(c)

图 7-23　国槐 9-50cm、9-100cm、9-150cm 断层图像

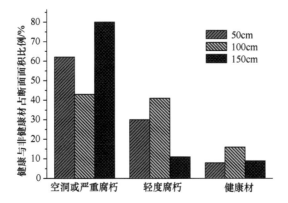

图 7-24　国槐 9 健康与非健康材占树干断面面积比例

图 7-25 是国槐 10 的 3 个高度检测结果，检测断面均出现空洞或严重腐朽。高 50cm 处树干外部存在大面积腐朽，内部木材由于腐朽败坏使树干形成空洞并延伸至树干外部，形成宽约 27cm 开口（传感器 5-6 间），100cm 处形成开口宽约 58cm。然而 150cm 处腐朽面积变小，未发现树干外部木材有缺失现象。3 个高度最大波速分别为 1651m/s、1603m/s 和 1716m/s，最小波速分别为 495m/s、678m/s 和 959m/s。根据断层图像中颜色分布，计算空洞或严重腐朽、轻度腐朽及健康材占整个断面面积的比例，结果见图 7-26。从图可知，树干高 50cm、100cm、150cm 中非健康材分别占 74%、46% 和 33%。高 150cm 处健康材占断面面积的 67%，认为树干腐朽在树基形成后向树干上部延伸。

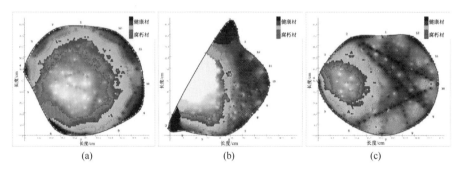

(a)   (b)   (c)

图 7-25　国槐 10-50cm、10-100cm、10-150cm 断层图像

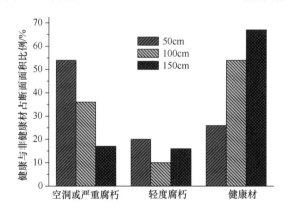

图 7-26　国槐 10 健康与非健康材占树干断面面积比例

图 7-27 是国槐 11 的 3 个高度检测结果，检测断面均出现空洞或严重腐朽。3 个高度树干内部均存在空洞，且空洞已延伸至树干外部形成开口，开口位置在传感器 3 和 4 间，开口宽度分别为 18.5cm、19.4cm 和 21.8cm。3 个高度最大波速分别为 1614m/s、1608m/s 和 1597m/s，最小波速分别为 449m/s、431m/s 和 431m/s。根据断层图像中颜色分布，计算空洞或严重腐朽、轻度腐朽及健康材占整个断面面积的比例见图 7-28。从图可知树干 50cm、100cm 和 150cm 处非健康材分别占 79%、68% 和 65%。树基部位腐朽或空洞面积大于上部，但上部开口宽度比树基部位大。

图 7-29 是国槐 12 的 3 个高度检测结果，检测断面均出现空洞或严重腐朽。3 个高度树干内部存在空洞，且空洞已延伸至树干外部形成开口，高 50cm 和 100cm 处开口在传感器 5 和 6 间，150cm 在传感器 4 和 5 间，开口宽度分别为 47.2cm、29.3cm 和 34.0cm。

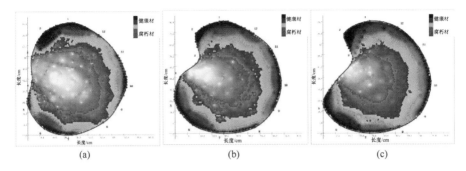

图 7-27 国槐 11-50cm、11-100cm、11-150cm 断层图像

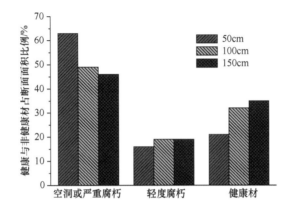

图 7-28 国槐 11 健康与非健康材占树干断面面积比例

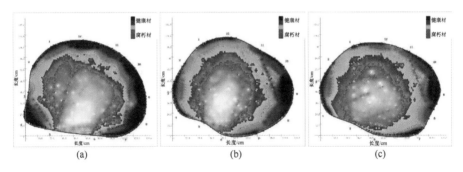

图 7-29 国槐 12-50cm、12-100cm、12-150cm 断层图像

3 个高度最大波速分别为 1792m/s、1790m/s 和 1801m/s,最小波速分别为 292m/s、403m/s 和 450m/s。根据断层图像中颜色分布,计算空洞或严重腐朽、轻度腐朽及健康材占整个断面面积比例见图 7-30,从图可知树干高 50cm、100cm 和 150cm 处非健康材分别占 65%、66% 和 73%。

图 7-31 是国槐 13 的 3 个高度检测结果,从断层图像可知高 50cm 处存在严重腐朽,严重腐朽面积占断面面积的 18%,轻度腐朽占 14%(图 7-32),腐朽未造成树干形成空洞。100cm 和 150cm 处未发现腐朽,属于健康断面,表现在断面以褐色为主没有蓝色或紫色区域出现,然而 150cm 处断面图像边部出现的小面积蓝色或绿色为图像重构出现的齿状星形区域,主要是由于树干断面中相邻传感器间应力波以弦向角传播,而径向为

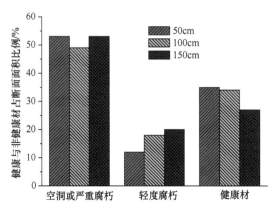

图 7-30　国槐 12 健康与非健康材占树干断面面积比例

应力波传播最快的路径，弦向波速低于径向波速，导致图像重构时波速被赋予呈腐朽的蓝色或绿色。树干 3 个高度最大波速分别为 1700m/s、1756m/s 和 1819m/s，最小波速分别为 644m/s、485m/s 和 1187m/s。

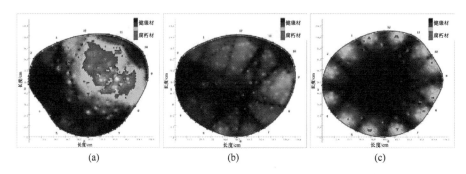

图 7-31　国槐 13-50cm、13-100cm、13-150cm 断层图像

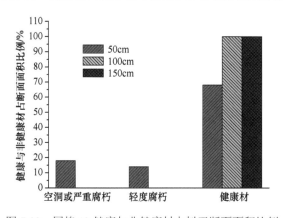

图 7-32　国槐 13 健康与非健康材占树干断面面积比例

（二）三维成像

三维图像是根据断层二维图像序列在计算机中重构建成，三维重构与显示是实现可视化的基础和重要部分，重构方法主要有面绘制和体绘制[15]。其中，面绘制包括轮廓线拼接法、Cuberille 表示和显示法、移动立方体算法（marching cubes algorithm）、剖分立

体法；体绘制包括投影法、光线跟踪法（ray-casting）。基于轮廓拼接法是通过传感器在不同断面采集传播时间并根据样条曲线层间插值形成断面轮廓而构成三维图像。

　　应力波树干三维图像构建由不同断面二维图像拼接而成，对于存在腐朽的树干由于在不同高度断面采集传播时间数据存在非连续性，构建三维图像中断面之间传播时间数据缺失，因此三维图像构建过程中缺失的断面数据是通过赋予一定缺陷比例作为过渡区域来重构。现今应力波检测树干内部缺陷三维图像重构主要有 3 种方式，但重构原理基本相同。3 种方式分别为 Fakopp 3D、ARBOTOM® 和 SoT 系统的三维成像，如图 7-33～图 7-35 所示。Fakopp 三维图像与 SoT 系统三维图像构建类似，使用两个以上二维图像来构建三维图像，可以翻转或对不同角度水平或垂直面进行立体成像，ARBOTOM® 三维图像以树干不同角度剖面方式来观测内部缺陷。

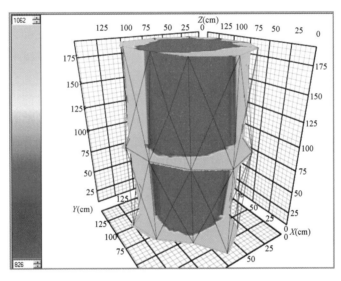

图 7-33　Fakopp 3D 三维图像构建

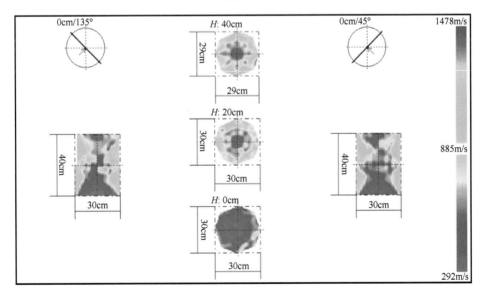

图 7-34　ARBOTOM® 三维图像构建

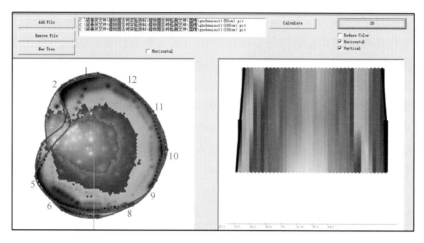

图 7-35 SoT 系统三维图像构建

图 7-36 为 13 株国槐古树树干三维图像重构结果，三维图像使树干内部空洞或腐朽变化趋势清晰显示，并可对图像不同角度进行观察，使腐朽诊断更为全面。例如，国槐 10，树干 50cm 处存在大面积腐朽，在 100cm 处形成部分凹面为腐朽延伸至树干外形成的裂口，在 150cm 处腐朽面积变小且腐朽延伸至树干外部，但没有造成木材缺失 [图 7-36（j）]。尽管三维图像能提供不同方位的诊断结果，但是由于应力波时间传播序列构成断面数据连贯性存在缺失和图像帧数的影响，与 CT 断层和超声断层成像重构的三维图像相比效果欠佳，应力波检测树干内部缺陷三维重构技术还需进一步改进。

三、古树油松断层成像诊断

（一）二维成像

图 7-37 是油松 14 的 3 个高度检测结果，由检测断面图像可知 3 个高度树干均出现空洞或严重腐朽。高 50cm 和 100cm 处树干内部存在空洞，且空洞已延伸至树干外部（50cm 在传感器 1-3 间；100cm 在传感器 1-3，12-1 间），150cm 处空洞未延伸至树干外部，但传感器 1-3 和 9-12 间腐朽已发展至树干边部木材。根据断层图像中颜色分布，空洞或严重腐朽、轻度腐朽及健康材占整个断面面积比例见图 7-38。从图可知树干高 50cm、100cm 和 150cm 处空洞或严重腐朽占整个断面面积比例分别为 55%、61% 和 42%，轻度腐朽分别为 22%、17% 和 18%。150cm 处健康材比例大于其余两断面占 40%，说明树干基部腐朽比上部严重。

图 7-39 是油松 15 检测结果，由检测断面图像可知 7 个高度树干中 50cm、100cm、150cm、200cm、300cm 均出现空洞或严重腐朽区域，400cm 处存在小面积腐朽，未发现空洞。根据断层图像中颜色分布，空洞或严重腐朽、轻度腐朽及健康材占整个断面面积比例见图 7-40。树干 7 个断面中空洞或严重腐朽占整个断面比例分别为 48%、54%、59%、65%、56%、16% 和 0%，轻度腐朽分别为 20%、25%、18%、19%、20%、18% 和 0%。树干在高 400cm 后腐朽面积明显降低，在 500cm 处未发现腐朽存在。

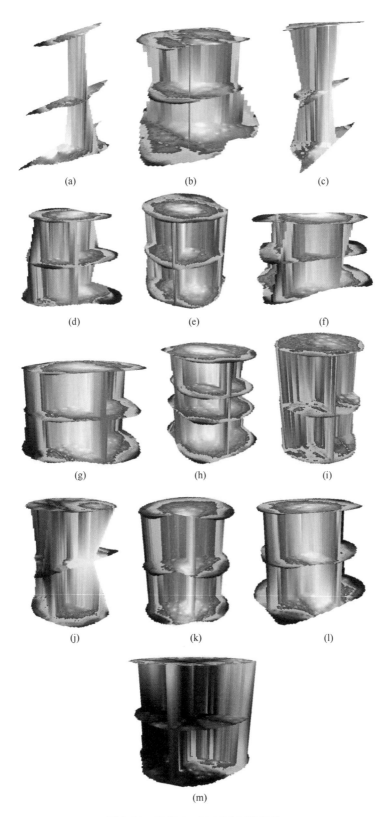

图 7-36 国槐 1～13 树干三维图像

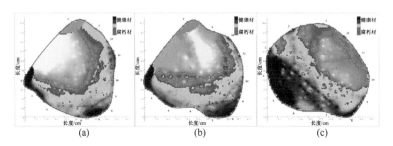

图 7-37 油松 14-50cm，14-100cm，14-150cm 断层图像

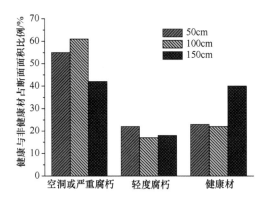

图 7-38 油松 14 健康与非健康材占树干断面面积比例

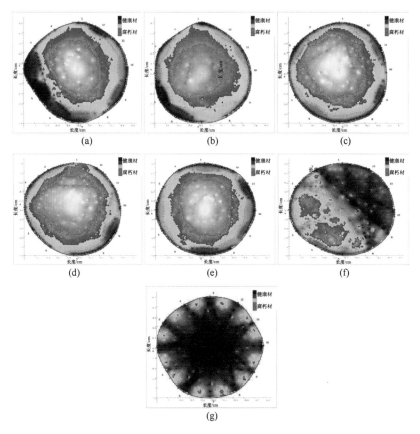

图 7-39 油松不同高度断层图像

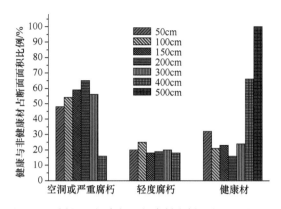

图 7-40　油松 15 健康与非健康材占树干断面面积比例

（二）三维成像

图 7-41（a）为油松 14 的 3 个高度断面构建的三维图像，从图中可知树干腐朽程度和大小由底部向树干上部逐渐降低。内部腐朽已延伸至外部且在高 50～100cm 有部分显示灰白色说明部分木材已腐朽脱落，从检测树干结果可判断，该油松古树树干腐朽面积较大，且外围部分木材的缺失将使树干易于折断。图 7-41（b）、（c）为油松 15 的检测结果（树干三维图像分成高 50～150cm 和 200～500cm 两部分展示），三维图像显示了高 50～500cm 树干内部情况，从图可看出腐朽由树干底部向上部发展，至 300cm 处腐朽面积变化不大，在高 400cm 之后腐朽面积明显减小。从中可知三维图像能够对树干腐朽或空洞发展情况作出判断，可从各方向对树干整体缺陷进行分析，为树干缺陷诊断提供更多的诊断信息。

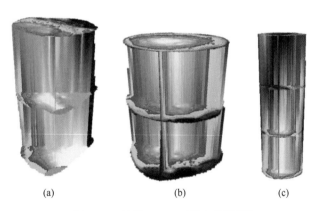

图 7-41　油松 14、15 树干三维图像

本节采用应力波断层成像技术对古树国槐和油松进行了缺陷可视化诊断，二维图像能够对古树树干内部腐朽、空洞进行识别，具有良好的诊断效果，认为该技术能够满足古树无损伤诊断要求。然而，分析结果发现尽管缺陷位置、大小、形状等信息可通过图像直观显示，但部分缺陷识别存在模糊状态，即缺陷类型划分还未能准确判断，如腐朽与空洞，严重腐朽与轻度腐朽之间的划分。通过二维图像序列构建的三维图像能够提供树干内部缺陷多方位诊断，在三维图像构建中应力波断面帧数采集未能像 CT 和超生断

层成像扫描具有连续性，因此三维构建方法还需研究和改进。

使用应力波断层成像技术对城市绿化树泡桐树干腐朽检测分析结果认为，该技术能够满足城市立木腐朽可视化诊断，通过断层图像可直观获得腐朽的具体信息。分析了应力波在树干断面传播规律，树干为健康断面时，波速遵循开口向下的抛物线二次函数，总体决定系数为0.9942，规律为先增加后降低模式。存在小面积腐朽或轻度腐朽时，变化规律为先增加后降低再增加再降低模式，当腐朽分布于整个断面时，波速遵循开口向上的抛物线二次函数，变化规律为先降低后增加模式。断层图像技术对于严重腐朽易于识别，若存在小面积腐朽或轻度腐朽时，由于颜色变化差异不明显，仅根据图像来判断较为困难，可结合波速在树干断面的传播规律进行判断，提高诊断准确性。

主要参考文献

[1] 吴卓珈. 城市林业的研究进展[J]. 林业科技, 2008, 33(5): 67-70.

[2] 杨忠, 江泽慧, 费本华. 木材初期腐朽研究综述[J]. 林业科学, 2006, 42(3): 99-103.

[3] Divos F, Divos P, Divos G. Acoustic techniques: from seeding to wood structures [C]//Proceedings of the 15th International Symposium on Nondestructive Testing of Wood, 2007: 3-12.

[4] Lorenz R C. Discolorations and decay resulting from increment borings in hardwoods [J]. Forestry, 1944, 42(1): 37-43.

[5] Rinn F. Technische Grundlagen der Impuls-Tomographie [J]. Baumzeitung, 2003, 8: 29-31.

[6] Kaestner A, Niemz P. Non-destructive methods to detect decay in trees [J]. Wood Research, 2004, 49(2): 17-28.

[7] Wang X P, Wiedenbeck J, Liang S Q. Acoustic tomography for decay detection in Black Cherry Trees [J]. Wood and Fiber Science, 2009, 41(2): 127-137.

[8] Schubert S I, Gsell D, Dual J, et al. Acoustic wood tomography on trees and the challenge of wood heterogeneity [J]. Holzforschung, 2008, 63(1): 107-112.

[9] Maurer H, Schubert S I, Bächle F, et al. A simple anisotropy correction procedure for acoustic wood tomography [J]. Holzforschung, 2006, 60(5): 567-573.

[10] 刁秀春, 谢达. 我国古树名木保护的法律思考[J].知识经济, 2008, 12: 29-30.

[11] 张树民. 古树名木衰弱诊断及抢救技术[J]. 中国城市林业, 2012, 10(5): 40-43.

[12] 陈炜. 工程建设中对古树名木保护技术的探讨[J]. 建筑知识: 学术刊, 2012, B09: 214-215.

[13] 刘颂颂, 叶永昌, 朱纯, 等. 东莞市古树名木健康状况初步研究[J]. 广东园林, 2008, (1): 55-56.

[14] 梁善庆, 胡娜娜, 林兰英, 等. 古树名木健康状况应力波快速检测与评价[J]. 木材工业, 2010, 24(3): 13-15.

[15] 张季, 王宜杰. 医学图像三维重建方法的比较研究[J]. 医学信息, 2006, 19(5): 948-950.

第八章 古树名木的修复技术

古树名木是城市宝贵的生态、人文和景观资源。古树名木的保护与利用是提升特大城市软性竞争力，建设生态文明、弘扬生态文化的重要体现。同时，古树和名木也对景观具有纪念意义和历史价值。因此，古树复壮修复对维护旅游景观、增加旅游观赏性具有积极的作用。本章主要从我国古树名木的现状、古树名木的修复技术和古树名木的修复效果三方面展开。

第一节 我国古树名木的现状

一、我国古树名木资源及保护现状

古树是指树龄在 100 年以上的树木，名木是指稀有、名贵或具有历史价值和纪念意义的树木。古树名木是中华民族悠久历史与文化的象征，属于宝贵的物产资源和重要的历史文物，记录着一个地区的气候、水文、地质、地理、植被、生态等自然状况，同时也反映该地区人类活动和社会发展的历史进程。因此，古树名木既是绿色文化的积淀，也是自然界和前人留下的无价之宝，对历史文化的研究和旅游事业的发展，以及对现代城市的绿化、美化都有十分重要的意义。

我国被世界誉为"世界园林之母"，丰富的园林植物种质资源，使得古树名木种类多样。我国源远流长的历史使几百年、上千年的古树并非罕见。据我国住房和城乡建设部初步统计，我国百年以上的古树 20 余万株，大多分布在城区、城郊以及风景名胜地，其中约 20% 为千年以上的古树。由于生态环境的恶化以及人为原因，这些古树均有不同程度的衰老或死亡现象，因此研究古树复壮技术具有现实意义。

我国古树研究文献分析表明，古树的研究还停留在比较基础的阶段，古树文献主要集中在探讨复壮技术及病虫害防治、资源调查、古树地理信息系统开发等方面。古树名木的保护工作在 20 世纪 80 年代初期正式开展，1982 年首次颁布了《关于加强城市和风景名胜区古树名木保护管理的意见》，并在全国层面陆续出台了一系列管理规定，包括《关于加强保护古树名木工作的实施方案》、《城市古树名木保护管理办法》、《全国古树名木普查建档技术规定》、《关于禁止大树古树移植进城的通知》等，对古树名木的概念、普查建档、保护措施与养护责任等作出了明确规定。80 年代中期，我国各园林部门对所属区域进行了古树名木的普查，开始了一些古树复壮技术的研究工作，并于 1994 年开展了第二次古树名木复查工作。北京市园林科学研究所进行了"北京市内公园古松柏生长衰弱原因及复壮措施的研究"，开展了古树衰弱与土壤理化性质的关系的研究，从古树微观结构和定量分析与古树生长有关的主要矿质元素方面入手，根据大量的古树调查研究结果，建立了古树的矿质营养元素区系标准，找到了古树生长与各主要矿质元素的平衡比例关系，针对古树生长中出现的一些症状，分析其原因，总结出古树复壮的生理机制、土壤改良、病虫害防治等一整套综合复壮措施。1987～1990 年又调查了北方 9 省共计 11 000 余株主要古树的生态环境，侧重对主要树种（侧柏、油松、银杏）的土壤和枝叶做了深入研究，并采集北方近 50 个点的 281 个土壤样品进行了营养元素的比较分析；同时首次研究了古树营养元素的输导速度与气象因素之间的关系，并实施了土壤改良等复壮措施，收到了较好的复壮效果。并于 1998 年出台了《北京市古树名木管理技术规范》。在南方，上海对古树衰弱原因进行了研究并养护复壮；广州市园林局于 1991 年，针对古树衰弱、死亡原因和立地条件，采取了改善立地条件等复壮措施。

但随着城镇化的快速推进，城镇建设与树木保护的矛盾凸显，单纯以划定保护区的消极被动的保护措施不足以有效保护古树名木。对于古树名木的保护，在《中共中央国务院关于加快推进生态文明建设的意见》中，明确提出要"加强自然保护区建设与管理，对重要生态系统和物种资源实施强制性保护，切实保护珍稀濒危野生动植物、古树名木及自然生境"。古树名木既是重要的自然资源和遗产，也是宝贵的历史文化财富，对优化城市自然环境、丰富城市人文环境具有重要作用，是生态与文明融合发展的缩影。保护古树名木及后续资源不仅是对城市"绿色文物"的尊重，更是城市文脉的延续，是践行生态文明、走可持续发展道路的实践。

二、古树名木生长衰退的原因

古树名木衰退主要表现在光合速率降低、呼吸强度降低、核糖核酸及蛋白质合成减少、激素含量降低[1]。古树名木生长衰退的主要原因有如下几个方面。

（一）自身生理老化

树木由衰老到死亡是复杂的生理、生命与生态、环境相互影响的一个动态变化过程，是树种自身遗传因素、环境因素以及人为因素的综合结果。与衰老相关的生理反应指标主要有叶绿素下降率、蛋白质下降率和超氧化物歧化酶活性下降率。从树木的生命周期看，许多树种在百年树龄时进入中年期。随着树龄增加，古树名木生理机能逐渐下降，根系吸收水分、养分的能力越来越差，不能满足地上部分的需要，树木生理失去平衡，从而导致部分树枝逐渐枯萎。同时，随着树龄的增大，树体内筛管与导管中的沉积物逐渐增多，树液在树体内的流通不畅，养分输送的速度变慢，导致树叶变小，枝干变脆易折断，光合作用能力相对下降。由于树木离心生长，根系生长过于冗长，新生毛细根系距树干越来越远，根系所吸收的水分及养分的输送距离增长，加之土壤细菌、病毒对根系的影响加大，致使根系生长势变弱，吸收能力下降，反过来又影响树木的生长。树木自身的老化导致古树不可避免进入衰老阶段。

（二）生长环境恶化

1. 土壤密实度过高

古树名木多位于公园景点游人密集地，由于景区游人较多，地面受到践踏，土壤板结，密实度高，透气性降低。在这种密实度过高的土壤中根系生长严重受阻，树势日渐衰弱。许多景点为了方便游览，在树体旁修筑硬质路面、铺装地砖等，这些路面和铺装材料致使树体周围土壤板结，土壤的通透性下降，大大减少了水分的积蓄，根系处于透气、营养及水分极差的环境中，严重影响了土壤与大气的水汽交换和根系活动，使其生长衰弱。例如，古松树一般要求土壤容重为 1.35g/cm³ 以下，周围土壤自然含水量适宜范围为 15%～17%；高于 20%时，根系生长停止或烂根；当低于 5%时，根系将干旱而死。而生长在偏僻地方的古树，多年生长在一个地方，营养物质大量消耗，根系周围营养物质减少，在得不到养分的自然补偿以及定期的人工施肥补偿时，常常形成土壤中某些营养元素的贫缺，土壤有机质含量偏低，导致树木生长变弱。

2. 生长空间不足

有些古树长在台阶上、石缝中，树木长大以后根系很难竖向、横向生长，其活动受到限制，营养缺乏，致使树体衰老；或古树周围常有高大建筑物，影响树体通风和透光，导致树干生长发育发生改向，造成树体偏冠，影响树体美观，造成枝条分布不均匀。当受到自然灾害的外力作用，易造成枝折树倒，对古树破坏性大。

3. 环境污染

大气污染和水污染对古树根系的直接伤害可导致古树的衰弱。城区交通繁忙，加上气候干燥，降雨量小且分布不均匀，车辆产生的尾气、扬尘及其中的有毒有害物质，长期附着在古树叶片表面，造成树叶透气性差，光合作用不充分，致使树势日渐衰弱。生长在居民生活区的古树，根系土壤会被生活污水、垃圾、油污等污染，轻者导致古树生长衰弱，严重者古树直接死亡。另外，有些古树因地上有硬质铺装，土壤偏碱性，矿质营养元素缺失，不利于根系生长。例如，古树周围土壤铺设废渣，使根系代谢受到抑制，根系表现为发黑、畸形，侧根萎缩、细短而稀疏，根尖坏死。污染导致古树呈现的主要症状表现为叶片卷曲、变小、出现病斑，春季发叶迟，秋季落叶早，节间变短。

（三）病虫危害

由于古树年龄大，树势减弱，易遭病虫害侵袭[2]。高龄古树大多已进入衰老至死亡阶段，若管理不当，常因遭受病虫的危害导致生长不良，叶、花、果、茎、根等出现坏死，或发生畸形、凋萎、腐烂及形态残缺不全等现象，降低了古树名木的质量，失去观赏价值，甚至有些整株衰败或死亡，造成重大的经济损失。同时，异常气候会导致蚜虫、红蜘蛛等病虫害严重，加速古树的衰弱，甚至对古树造成致命的伤害和养分的损失，使古树的树势迅速衰弱甚至死亡。人为或自然对古树造成伤害，为病虫害的侵入提供了条件，因此必须加强管理，以防为主，控制病虫害的发生和传播。

三、古树名木主要复壮修复措施

由于古树种类和所处的环境不同，导致衰败的主要原因也不尽相同。古树名木的复壮修复措施涉及地下及地上两部分。地下复壮措施包括立地条件的改善，根系活力诱导，通过地下系统工程创造适宜古树根系生长的营养物质条件、土壤含水通气条件，并施用植物生长调节剂，诱导根系发育。地上复壮措施以树体管理为主，包括树体修剪、修补、靠接，树干损伤处理、填洞，叶面施肥及病虫害防治。除此之外，古树的日常管理也十分重要。平时应做好水肥管理，防止水土流失和人为破坏，扩大其生存空间，为其创造稳定的生长环境[3]。

（一）修剪复壮

合理修剪是修去过密枝条，有利于通风和古树对营养的有效吸收，促使古树萌发新枝，促进古树生长，且能保持良好树形。对生长势特别弱的古树尤其要控制树势，减轻重量。修剪复壮包括两个方面，一是地上部分修剪，二是地下部分修剪。树木衰老期有向心更新的特点，对潜伏芽寿命长的树种，当树冠外围枝条衰老枯萎时，应及时回缩修剪，更新复壮，形成新树冠。首先要去除干枯枝、病虫枝，并在剪口处立即涂抹油漆或封蜡，防止水分流失、雨水侵蚀和病虫侵害。有的根茎处有潜伏芽，树干死亡后能萌发形成新植株。原老干有观赏价值的，应保留并喷洒防水剂。对潜伏芽寿命短的树种，主要通过深翻改土，修剪根系（切断长度为1cm以下的根系）促发新根，再加强肥水管理，更新复壮古树。树根更新可分为两种情况，一是少数侧根受伤较轻，可采用改良土壤加强肥水管理的办法，促发新根；二是侧根损伤，但仍有较强活力和愈合力，在古树附近栽植同品种小树，用靠接法或腹接法进行嫁接，也可达到更新树根的目的。

（二）改善土壤条件

1. 挖复壮沟和渗水井

为了提升土壤的理化特性，减少土壤中的 CO_2 含量，可以采取"笼式"复壮法，即在古树附近挖复壮沟，在沟槽距地面40cm处铺上10cm厚的陶粒，便于土壤的集水和透气，同时用UPVC管材，截成60cm长，打上小孔，制成简易的树笼，分布于沟槽内，对古树进行引根复壮，并在距地面20cm处填充鹅卵石块，便于土壤的集水和透气，给古树的根系生长创造条件。

为了防止夏季降雨使土壤积水，在挖复壮沟的同时设置渗水井。渗水井一般设在复壮沟的一端或中间，深1.3～1.7m、直径1.2m，四周用砖垒砌而成。井口用水泥封口，上面加铁盖。渗水井比复壮沟深30～50cm，可以向四周渗水，保证古树根系分布层不被水淹没。

2. 透气铺装或栽植地被植物

景点区域的古树立地条件较差，地面多为硬质铺装，人流密集，根系土壤严重板结，土壤通气性差。对古树地面透气铺装改造，通常是在古树树池里采用石子或通气透水砖等景观材料铺装，这种铺装既透气又抗踩踏；或在古树树池里种植如苜蓿、白三叶等地被植物，也可改善土壤的通气性和肥力，同时还可改善景观。

3. 安装通气管

为改善古树根系土壤的通气状况，除了地面进行透气铺装外，还在古树树冠投影的外围设置通气管。通气管多数和复壮沟设置在一起，也可以单设。在古树根部吸收营养区进行打孔，从而有效改善土壤的透气性，减小土壤密度，使土壤内的有害气体可以与地上部分的气体进行置换，有效地还原土壤的原生态。埋设通气管后可向土壤中填充营养棒，营养棒中缓慢释放的营养元素可以起到对古树补充营养的作用，还可以增强土壤通气条件。

4. 换土

古树几百年甚至上千年生长在一个地方，土壤里肥分失衡、欠缺，或者由于生活垃圾等造成土壤污染。换土是在树冠投影范围内深挖 0.5m，将暴露出来的根用浸湿的草袋盖上，将新配好的通透性能好、营养肥料适当的土填其上。对排水不良地域的古树名木换土时，同时挖深排水沟，下层填以卵石，中层填以碎石和粗砂，再盖上无纺布，上面掺细砂和园土填平使排水顺畅。

（三）改善营养状况

古树名木多数都已经过了旺盛生长期，其新陈代谢缓慢，一般对肥料需求不太大，因此，改善古树营养状况可通过叶面喷肥、投放有机肥或生物制剂和注射营养液等措施。由于城市空气污染，古树名木树体积存灰尘极多，影响光合作用和观赏效果，可用喷水的方法加以清洗。同时在生长旺季，对叶面喷施浓度为 2%～5% 的叶面肥，每 10～15 天施 1 次。在冬季于树冠投影圈内侧，挖深约 20cm 的施肥沟，投放有机肥，或用活力素、生根粉等生物制剂浇灌根部，可使根系生长量明显增加，增强树势。营养液可用以增加树木本身的营养成分，加大树木枝叶生长量，加强树木光合速率，促进枝叶的二次萌发，同时可激活与调节古树生理代谢，抗击衰老，延长寿命。

（四）支撑加固和修补树洞

古树名木大多处于衰老期，生长衰弱，枝干柔韧性较差。要进行预防，避免折枝、空洞的出现。对于各种原因造成的古树枝干折断、木质部裸露、空洞等，需要采取措施进行处理，以防病虫害的发生。

1. 支撑加固

古树由于年代久远，主干中空严重，常伴有衰亡现象，造成树冠失去平衡，树体容易倾斜。又因树体衰老，枝条容易下垂，因而在养护过程中，若发现有主枝不稳固现象，需要及时用钢管进行支撑 [图 8-1（a）]。另外，沿树池周围安装铁艺护栏，保护树干下部 [图 8-1（b）]。

（a）　　　　　　　　　　　　　（b）

图 8-1　古树的支撑与加固

2. 修补树洞

对一些新伤，要及时做好伤口消毒，并涂防腐剂，以防霉变腐烂。如果伤口太大或呈环状受损，难以愈合，可以通过桥接嫩枝来输送水分和养分。对已有裸露、空洞的古树，要进行修补空洞。对于裸露的木质部，除朽清扫，杀菌消毒后并涂树脂漆等防护剂。对于树洞尤其是中空的树洞，可用钢筋水泥来加固，修补之后，为了美观可将外表做成树皮状。

（五）病虫害防治及日常管理

病虫害是加速古树衰老死亡的重要因素。对于常出现的叶部害虫，如红蜘蛛、蚜虫，可采用药液喷洒。对于蛀干类害虫，常采用打孔注药、涂抹药液等方法进行防治。打孔注药是一种用人工或机械的方法在树上钻孔，然后向钻孔内注入一定量的农药原液，通过树干的输导组织，使药液遍布树体，从而防治害虫的方法。涂抹药液是结合树干涂白，将水、生石灰、食盐、黏土、石硫合剂原液或硫黄粉按一定比例拌匀，涂抹在树上，防治越冬害虫及病原体，效果明显。结合春灌，在树池外围施呋喃丹或花虫净，对地下害虫、蛀干类害虫及植物病害进行防治。

四、古树名木保护和复壮的意义

（一）古树名木的保护

由于古树自身生长条件以及所处环境的不同，以树木为主体和以环境为主体形成分类管控有利于进一步细化保护的需求。英国古树名木的保护工作由古树保护协会和伍德兰古树理事会共同承担，制定的规划导则和技术手册可分为 3 种类型：以树木和立地环境为重点，针对古树、稀有树种的保护制订的规划或导则，如 *Ancient Tree Guidelines* 等；以管理为重点，针对古树管理方法及措施制订的管理手册，如 *Veteran Trees: A Guide to Good Management*、*Veteran Tree Management and Dendrochronology* 等；以特殊地区为主体，针对重点地区、重点树种的古树保护技术手册，如 *Ancient Trees in Warwickshire County*、*Pollard Beech Repair Technology* 等。其中对古树名木保护空间规划影响和借鉴意义最为深远的是基于树木与环境的互动关系制订的 *Ancient Tree Guidelines*。

明确古树名木的内涵，提升公众完善技术与法律保障，是指引公众、开发建设主体以及管理部门开展保护工作的技术基础，但同时必须有法理上的支撑。例如，英国的保护导则只是作为民间保护协会的非正式文件，还需要在国家的规划政策条例和环境保护法中正式明确保护工作的法定地位。上海的古树名木保护条例修订同样需要与专项规划相衔接，使得规划执行有法可依，政策实施有章可循。控制与引导并重，多主体协同保护，既能考虑到古树生长过程中可能遇到的各类自然、人为与环境因素，又兼顾古树的历史与未来，提出一系列预防性的引导措施，以预防伤害、加强保养为主，从管理者、开发者、维护者和公众多方面提出保护要求，有利于多主体协同保护。

（二）古树名木复壮的意义

古树名木是悠久历史的见证，也是社会文明程度的标志。古树名木所蕴藏的珍贵物种基因在整个生物圈中起着重要的作用，与人类社会的持续发展息息相关。古树名木鉴证环境与历史的变迁，承载着历史、人文与环境的信息，是不可再生、不可替代的活的文物。

古树名木是名胜古迹的重要景观。古树名木苍劲古雅，姿态奇特，如北京天坛的"九龙柏"、中山公园的"槐柏合抱"、香山公园的"白松堂"、黄山的迎客松等，观赏价值极高而闻名中外。

古树名木是研究自然史和树木生理的重要资料。古树好比一部珍贵的自然史书，储藏着几百年、几千年的气象资料，可以显示古代的自然变迁。古树复杂的年龄结构常常能反映过去气候的变化情况。

古树名木对现今城市树种规划也有重要的参考价值。古树多为乡土树种，对当地气候和土壤条件及病虫害方面有很高的适应性及抗性，因此，城市树种选择要以乡土名贵树种为重点，其次对适合于本地栽培的树种要积极引种驯化，以期从中选出优良新种。古树名木为城市园林绿化在树种选择上提供了历史借鉴，有重要的现实意义。

第二节　古树名木的修复技术

以《北京市古树名木保护管理条例》为指导，古树名木的修复主要工艺流程为①人工清除腐朽木及消毒除虫，清除树周围垃圾及渣土；②混凝土基础垫层，预留预埋件以备主体焊接；③搭建钢骨架，钢丝网做造型；④骨架制作完毕后，进行树洞填充；⑤主体骨架稳固，钢丝网表面涂刷树脂，做 3 次处理；⑥做仿真树皮模具，然后制作仿真树皮；⑦安装仿真树皮，接缝处理，然后颜色处理，最后做空气隔离处理；⑧做铁艺围栏、支撑，打箍；⑨建蓄水池，设地灌，砌保护墙；⑩对古树病虫害进行生物防治和化学防治；⑪设立保护标牌和宣传栏。通过复壮修复，为古树营建了良好的生长环境，有利于古树的复壮生长。经复壮修复的古树树形更加美观，树体更加健康，达到了景观美化和游览欣赏的要求。

树洞是树木边材或心材或从边材到心材出现的任何孔穴。根据树洞的外形可分为圆形、椭圆形、长条形、锅底形以及不规则的洞形；根据树洞在树上的朝向可分为朝天洞、斜侧洞、通干洞；根据木质部腐烂的程度可分为小洞、中洞、大洞和特大洞。在绿化乔木栽培措施中，树洞处理虽不像移栽、施肥、修剪和伤口处理那样被重视，却会严重影响树体的健康与寿命，尤其是朝天洞和斜侧洞。树洞处理工程很难，不但需要较熟练的技术，而且成本较高。

一、古树树洞的类型及成因

古树因年龄大、环境差，其生长势都存在不同程度的衰弱，树体遭受机械损伤和某些自然因素的危害，如病虫危害、动植物伤害、雷击、冰冻、雪压、日灼、风折等，造成皮伤或孔隙以后，邻近的木质部在短期内就会干掉。如果树木生长健壮，伤口不再扩展，2～3 年内就可被愈伤组织覆盖，对树木几乎不会造成新的损害。在树体遭受的损伤较大、不合理修剪留下的枝条以及风折等情况下，伤口愈合过程慢，甚至完全不能愈合，这样，木腐菌和蛀虫有充足时间侵入皮下组织造成腐朽。这些有机体的活动，反过来又会妨碍新的愈合组织形成，最终导致树洞形成。树洞主要发生在大枝分权处、干基和根部。树干基部空洞是机械损伤、动物啃食和根茎病害引起的；干部空洞一般起源于机械损伤、断裂、不合理地截除大枝以及冻裂或日灼等；枝条空洞源于主枝劈裂、病枝或枝条间的摩擦；分权处的空洞多源于劈裂和回缩修剪；根部空洞源于机械损伤，以及动物、真菌和昆虫侵袭。这些创伤不断地向纵深发展，逐渐形成大小不一的树洞，严重时导致树体折断或开裂。针对古树树洞成因，大致分为以下 4 类。

创伤诱发型：这类树洞起初由于外在损伤，如韧皮部机械损伤、枝条断裂造成的树体撕裂、不规范的重剪等，致使韧皮部损伤，木质部外露，在水分和木腐菌的作用下，逐渐向木质部纵深发展，形成树洞，这类树洞多开口向上或斜上型，易积水。

树体衰弱型：这类树洞由于树龄较大或树体长势不佳造成树体木质部局部干枯开裂，死亡木质部在水分和木腐菌的共同作用下迅速腐烂，并形成纵向的孔洞。这类树洞多为垂直开裂型，且腐烂面积较大，因其木质部在孔洞形成前已经死亡，树洞纵深也比其他类型树洞大[4]。

虫害危害型：这类树洞多为白蚁、天牛等直接危害造成，多在香樟、柳树、二球悬铃木等树上存在。其特点是外露创口较小，树体内部孔洞弯曲复杂，腐烂程度较低。

自然生理型：这类树洞多为树体自身存在缺陷导致，如天竺桂（普陀樟）韧皮部较薄，日灼受伤后导致开裂，木质部外露后逐渐腐烂形成空洞。树龄较大的国槐和垂柳树体不同程度地也会出现自然空洞。

二、古树树洞的修补原则

树洞的治理一直是个难题，国外如德国多采用清腐，开引水洞干燥树体的方法，一般不做填补。我国除用泡沫等轻质材料填补外，还尝试用环氧树脂修补填充，效果较好，但修补造价达数万元，无法满足大面积的应用需求。因此，树洞的修补应根据树洞的大小、朝向、位置等实际情况和周围的环境，选择适宜的修补方法。树洞修补不能见洞就补，以尽量不补为原则，多采取防腐措施，尽量保持古树、大树原貌。树洞修补方法主要有封闭法和开放法两种[5]。对于树洞不大的朝天洞、斜侧洞可用封闭法；而对于树洞较大，呈开放式的，如国槐、楸树等大多主干中空严重，完全敞开，只剩下周围树皮，这类树洞原则上不支撑、不填充，将洞内腐烂的木质部分彻底清理，直至露出新的组织，用药剂除虫消毒并涂防腐剂，以后每年定期进行清腐、防腐处理，经常检查洞内的排水工作，防止雨水在洞内存留即可。

三、古树树洞的修补技术

过去，大部分古树的管理和养护水平较低，树体损伤和腐烂的情况比较常见，树洞的修复情况也不尽如人意[6]。树洞的修补是一项极为复杂的工程，涉及树体材质、立地条件、修补材料、后期养护、气候条件等因素。我国的树洞修补技术研究起步较晚，由于缺乏经验和相关标准，只能在实践中不断探索和总结。从树洞的修补技术流程来看，现行的各类技术基本大同小异，主要区别在于修补材料的选择上。古树树洞的修补技术大致包含以下 6 步[7]。

（一）树洞清理

树洞的类型有多种表现方式，如朝天洞、通干洞、对穿洞、侧洞、夹缝洞、落地洞等。在保护树体受伤后形成的障壁保护系统的前提下，小心去掉腐朽和虫蛀的木质部。树洞清理是树洞修补的基础，清理工作质量的好坏关系到后期的修补质量。根据树洞大小及洞口差异，实施不同清理措施，树洞清理可分为机械清理和人工清理两类。

机械清理是针对大型或者开口较大的树洞，用电动角磨机配以木工锯片或钢丝刷对腐烂的木质部进行清理。大树洞的变色木质部不一定都已腐朽，甚至还可能是防止腐朽的障壁保护系统，应谨慎处理；对于基本愈合封口的树洞，要清除内部已腐朽的木质部十分困难，如果强行凿铣，要铲除已形成的愈合组织，破坏树木输导组织，导致树木生长衰弱，因此应保持不动，但为抑制内部进一步腐朽，可在不清理的情况下注入消毒剂，若必须要切除洞口愈合组织来清理洞内木质部，也应通过补偿修剪，减少枝叶对水分和营养消耗，维持树体生理代谢平衡。机械清理的优点是工作效率高、清理创面平整光滑，后期涂刷效果较好；其缺点是无法处理树洞的边沿部位，操作隐患高[8]。人工清理是针对小型树洞，利用木工凿子、铲刀等工具将树洞内松软的木质部清理干净。小树洞中的变色和水渍状木质部，因其所带的木腐菌已处于发育最活跃时期，即使看起来相当好，也应全部清除，直至硬木为止。人工清理的优点是清理较为彻底；其缺点是工作效率低、清理创面不平整，且要求施工人员具有较高的技术和经验。无论是机械清理还是人工清理，将松软的腐烂木质部清理完后，均需用 200 号砂纸对创面进行打磨，形成光滑的硬质表面，以利于后期涂刷保护剂和保证成膜质量。

（二）树洞整形

在树干和大枝上形成的浅树洞有积水的可能时，应切除洞口下方外壳，使洞底向外向下倾斜，消灭水袋。较深的树洞应从树洞底部较薄洞壁的外侧树皮上，由下向内、向上倾斜钻直达洞底最低点，在孔中安装稍凸出于树皮的排水管。若树洞底部低于土面，应在洞底填入固体材料，使填料上表面高于地表 10～20cm，向洞外倾斜，以利排水出洞。树洞整形最好保持其健康的自然轮廓线，保持光滑而清洁的边缘。在不伤或少伤健康形成层的情况下，树洞周围树皮边沿的轮廓线应修整成基本平行于树液流动方向，上下两端逐渐收缩靠拢，最后合于一点，形成近椭圆形或梭形开口。同时尽可能保留边材，洞口周围已切削整形的皮层幼嫩组织，应立即用紫胶清漆涂刷保湿，防止形成层干燥萎缩。

（三）树洞加固

利用锋利的钻头在树洞相对两壁的适当位置钻孔，孔中插入相应长度和粗度的螺栓，在出口端套上垫圈后，拧紧螺帽，将两边洞壁连接牢固。注意钻孔位置至少离伤口健康皮层和形成层带 5cm，垫圈和螺帽需完全进入埋头孔内，其深度应足以使愈合组织覆盖其表面，所有钻孔都应消毒并用树木涂料覆盖。螺丝亦可代替螺栓，不但可提供较强的支撑，而且可减少垫圈和螺帽。对于长树洞，除在两壁中部加固外，还应在树洞上、下两端健全的木质部上安装螺栓或螺丝，可减少因霜冻产生的心材断裂。

（四）洞壁防腐与涂漆处理

洞壁防腐处理是对树洞内表面的所有木质部涂抹防腐处理剂，多采用季铵铜（ACQ）溶液或熟桐油涂刷打磨后的树洞创面。其中，熟桐油涂刷后应使其干透形成氧化膜，连续涂刷 3 遍以保证氧化膜致密性。防腐处理后，所有外露木质部都要涂漆，包括涂抹过紫胶漆的皮层和边材。

（五）洞内填充

为防止木材进一步腐朽，加强树洞机械支撑，防止洞口愈合组织生长中的羊角形内卷，改善树木外观，提高观赏效果。树洞填充需大量人力、物力，因此在决定填充前，须仔细考虑树洞大小、树木年龄、树木生命力、树木价值与抗性等因素。树洞越大，开裂伤口越大，越难保持填料的持久性和稳定性。通常老龄树木愈伤组织形成速度慢，大面积暴露的木质部遭受再次感染的危险性更大，填充必要性较大。树木生命力越强，对填充的反应越敏感。选择的填料应具有不易分解，在温度激烈变化期间不碎，夏天高温不熔化的持久性，能经受树木摇摆和扭曲的柔韧性，可充满树洞每一空隙，形成与树洞一致轮廓的可塑性，不吸潮，保持相邻木质部不过湿的防水性等特点。常用的有水泥砂浆、沥青混合物、聚氨酯塑料、弹性环氧胶及其他木块、木砖、软木、橡皮砖等。洞内填料要捣实、砌严、不留空隙。洞口填料的外表面一定不要高于形成层，有利于愈伤组织形成。

一般小型树洞可直接用聚氨酯泡沫填充，再用塑料薄膜对洞口进行封堵，让泡沫液体形成一定压力使洞内缝隙填充更为紧实。大型树洞或者开口向下的树洞，则需要在洞内搭"骨架"。骨架材料一般选取同类树种的木条，经季铵铜溶液浸泡处理后，按照树洞尺寸下料进行填充，木条与树体可用乳白胶或者其他树脂胶进行粘接固定。搭建木条骨架的主要目的是增加后期填充物的支撑作用，防止大面积填充物因自重过大造成垮塌或开裂。洞内"骨架"搭建完成后，再采用树洞填充材料进行填充。

（六）修补修饰及仿真处理

填充完成的树洞，可用防腐玻璃胶对树体与泡沫间的缝隙进行封堵，同时对聚氨酯泡沫表面进行密封涂刷处理，避免后期水分侵入。待玻璃胶干透后，再涂刷环氧树脂和聚酰胺树脂 1∶1 混合液。大型树洞和开口向下的树洞需增加一层玻纤布，再在上面涂刷一层树脂。若表皮需要仿真处理，则需要预留韧皮部的厚度。

树皮仿真处理（图 8-2）主要有仿真和植皮两大类方法。仿真可采用水泥、颜料、胶水混合，调好颜色后进行涂抹。凝固前利用刀具和毛刷对表面进行拟真处理，也可采用丙烯颜料对硬化表面直接涂刷仿真。植皮多选用同类树种的树皮，经防腐和防水处理后，切割修整外形再贴于树洞表面。

四、古树树洞的修补材料

树洞修补处理是古树名木养护复壮措施中的一项重要工作，也是延长衰弱古树生命的一项有效措施。树洞处理工程比树体修剪、支撑等处理难度更大，不仅要求技术熟练，更需要科学合理的选用材料。

图 8-2　树洞的仿真修补

　　我国古树树洞修补工作开展较晚，早期水泥或水泥砂浆是树洞修补主要的原料。而对于某些特大树洞，修补多采用砖石堆砌法，即一层层砖石砌上去，外表粉刷；或用附体浇灌法，依树身做壳子板，内扎钢筋竖体后，用混凝土浇灌成型。早期的修补方法是利用砖瓦、石块、混凝土或者木块等进行填充，表层用水泥进行涂抹封堵。对外观有要求的话，再利用水泥和颜料进行仿真处理。这种修补方式的最大弊端在于无机材料填充于有机树体中，双方的接触面结合不严密，常常出现缝隙或者开裂（图 8-3），导致雨水侵入加重内部的腐烂程度。同时，水泥砂浆硬度较强，但塑性不足，自身存在一定的热胀冷缩，树洞修补后随着树木生长的挤压，加上外界温度、湿度的变化和夏冬季节交替，反复高温冻融，易出现裂缝、积水，病菌、虫害等的浸入，木质部会继续腐烂。而有些斜侧洞创面较大，修补的水泥易脱落，达不到修补的效果[9, 10]。另外一方面，水泥属于碱性物质，对树体的恢复生长起到阻碍作用。

图 8-3　水泥砂浆作为修补材料出现裂缝和开裂

　　聚氨酯泡沫填充剂的引入缓解了这种危害。使用同类树种木屑和聚氨酯，既能加固树体又对树体无任何副作用，主要措施为对空洞大的先填入同类树种的木屑，对树洞内部进行支撑。而目前国外有用螺栓和螺丝加固树体的报道，需在树体上错开打孔，打孔对树体有伤害，尤其是衰弱古树，然后用聚氨酯灌压式填充，使木屑和洞穴内壁紧密结合为一个整体[11]。而用玻璃纤维和酚醛树脂混合作为封口材料，具有质轻、高强、防腐、保温等特点，且封口后不开裂，使用年限久远，是目前最佳封口材料之一。

目前，关于古树树洞修补填充与否，行业内专家持有两种观点：一种是古树树洞只能清理和防腐处理，不能封堵，理由是无机材料始终不能跟随树体生长最终会出现缝隙，导致内部腐烂且无法观察和处理；另一种是树洞的填充和封堵需要因树而异，对于景观效果要求较高的古树，应采取适当的措施进行修复整形，达到复壮和恢复景观效果的目的。今后的工作重点，则是材料和工艺的改进、缝隙填充技术的完善、古树修复标准的出台[12]。

第三节　古树名木修复效果评价

古树名木树干内部存在腐朽、空洞、开裂等缺陷易使树干折断或倒塌造成景观和文化上的双重损失，因此对古树名木树干的内部缺陷进行修复具有现实必要性。树干缺陷修复后是否对树木健康状况的无损诊断结果产生影响，目前该方面的研究还未见报道，由于修复材料填充空洞后对应力波传播路径产生了影响，将会使缺陷判断难度加大。为探讨修复断层图像变化情况，分别利用木材无机质修复材料和聚氨酯对树干空洞进行修复，并对修复前后断层成像结果进行对比，分析修复对成像效果的影响。

一、材料和方法

（一）材料

选取泡桐（长 90cm，直径 52.2cm）和油松（长 90cm，直径 48.4cm）木段作为修复样本。其中泡桐木段存在严重腐朽，采用人工挖孔方式形成直径约 25cm 空洞，油松木段为健康材，使用人工挖孔方式形成直径约为 17cm 空洞。两根木段修复前使用应力波断层成像进行检测，之后采用木材无机质修复材料修复泡桐空洞，采用聚氨酯材料修复油松空洞，修复材料固化后在相同检测部对木段进行再次检测，分析修复前后断层图像的变化。

（二）木段空洞修复

将木质刨花与水溶性磷酸铝无机胶复合制备木材无机质修复材料，将其填充于树干空洞内，修复步骤如下：将刨花放入 105℃烘箱中干燥至含水率 2%～4%，磷酸铝无机胶的固体含量为 60%左右，将磷酸铝无机胶用水稀释至含水率 30%左右备用；磷酸铝无机胶按质量比 5%加入固化剂氧化镁，搅拌均匀，将干燥后的刨花与磷酸铝无机胶按照 1∶1 的质量比均匀混合；修复材料陈化 10～20min 后填充到泡桐的树洞中，详见图 8-4；将填充无机修复材料的样本在自然条件下静置 48h，使修复材料充分固化。

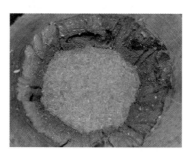

图 8-4　磷酸铝/木材无机修复材料修复泡桐空洞

聚氨酯泡沫填缝剂是一种单组分、湿气固化、多用途的聚氨酯发泡填充弹性密封材料。它将聚氨酯预聚物、催化剂及气体抛射剂灌装于耐压的铁制气雾罐中，施工时通过配套施胶枪或手动喷灌将气雾状胶体喷射至待施工部位，短期完成成型、发泡、黏结和密封过程，其固化泡沫弹性体具有黏结、防水、耐热胀冷缩、隔热、隔音等优良性能。采用聚氨酯泡沫填缝剂修复步骤如下：清除空洞内表面的污物、油脂，并用少许水分湿润待填充部分；使用聚氨酯泡沫填缝剂前用力摇动 1min 以上，摘下护盖，旋上专用施工枪，倒置罐体，慢慢按动枪柄使聚氨酯均匀喷入树干空洞内；填充完成后，静置 24h后形成弹性填充结构，如图 8-5 所示。

图 8-5　聚氨酯泡沫填缝剂修复油松空洞

（三）修复前后的检测

使用应力波树木断层成像诊断装置（PiCUS Sonic Tomography）对两根木段修复前和修复后进行检测，检测步骤如下：①确定检测位置，用皮尺测量所检测树干部位周长并计算断面直径，其中泡桐木段检测高度分别为 10cm、40cm、70cm，油松木段检测高度分别为 20cm、50cm、80cm；②对检测断面按 12 等分（编号 1，2，3，…，12）将钢钉沿逆时针方向钉入立木树干，直至钢钉与木材连接稳固；③将传感器固定皮带在检测部位上方围绕一圈，按序号沿逆时针方向依次将传感器与钢钉连接，1 号传感器与数据采集器相连，数据采集器与计算机连接，12 号传感器与脉冲锤连接；④运行 PiCUS Sonic Tomography 软件，打开数据采集器，依照软件系统操作顺序，先设定断面基本信息（包括周长、直径、高度等），并使用 PiCUS 角规仪测量传感器间距离，用于模拟树干断面形状；⑤完成断面形状模拟后，转换至传播时间采集选项，用脉冲锤依次敲击每个传感器上的振动棒，每个传感器敲击 3 次，PiCUS Sonic Tomography 软件自动记录每次敲击的传播时间，并计算波速；⑥重构树干断面内部图像，保存结果，关闭开关，依次取下传感器，重复上述步骤，对其他部位进行检测；⑦两个木段修复前检测完成后，填充修复材料固化后在相同部位再次进行检测。

二、不同程度断层成像图像重构

应力波树木断层成像诊断装置 SoT 系统通过采集应力波传播时间，并计算波速在断面分布后进行重构图像，在图像中对波速大小赋予颜色值来展示内部缺陷。图 8-6分别为识别比例 10%、20%、40%、60%、80%、100%重构的断层图像，紫色或蓝色为严重腐朽，绿色为轻度腐朽，褐色为健康材。断层成像通过颜色变化能够直接显示缺陷情况，为缺陷诊断提供了直观的信息。当成像程度不同时图像内的节点颜色分布大小不同，图 8-6（a）以 10%的定位成像结果，此时节点颜色分布以较大的圆形区域作为划分，仅完成了部分成像区域显示，在颜色连贯性或过渡方面存在明显不足。当成像定位比例由 20%增至 100%时，断层图像内颜色区域趋于细化，颜色分布连贯性得到明显改善。

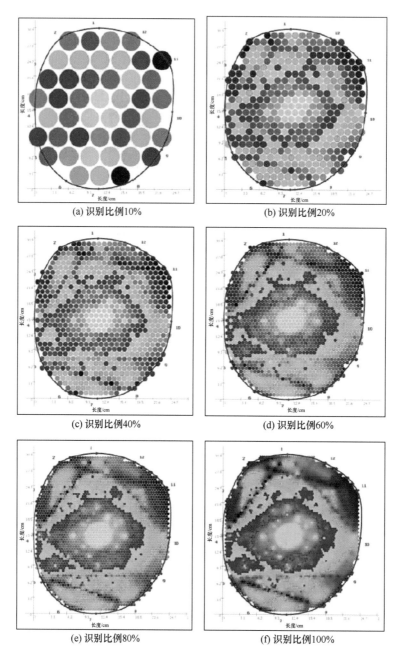

(a) 识别比例10% (b) 识别比例20%
(c) 识别比例40% (d) 识别比例60%
(e) 识别比例80% (f) 识别比例100%

图 8-6 应力波断层成像不同程度的重构

断层图像对缺陷的定位和识别主要以颜色变化直接显示，然而图像重构涉及数据采集设备硬件、外部因素以及成像算法等多方面影响。使用不同的重构算法重构的图像效果和质量存在区别，直接影响缺陷的定位信息准确获取。

三、修复前和修复后断层图像对比

图 8-7 为泡桐木段高 40cm 部位修复前和修复后波速变化结果。11 条路径波速分别增加 8.4%、16.1%、48.2%、59.4%、56.4%、48.2%、54.2%、60.4%、45.4%、16.6% 和8.6%，说明修复材料与人工开孔内木材具有较好的连接，明显增加了应力波传播速度。从泡桐木段空洞使用木材无机质修复材料修复后检测结果发现，空洞内健康木材与修复材料具有较好的接合条件。图 8-8 为油松木段高 50cm 部位修复前和修复后波速变化。从图可知修复前和修复后波速变化不大，聚氨酯作为修复材料未能明显改善应力波在树干内传播，说明聚氨酯与木材未能很好接合且属非木质材料，使波速无明显增加。

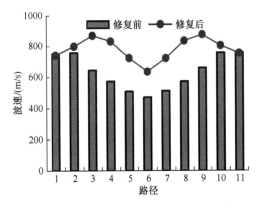

图 8-7　泡桐木段修复前、后波速的变化

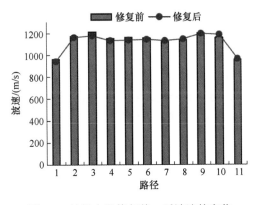

图 8-8　油松木段修复前、后波速的变化

采用木材无机质修复材料和聚氨酯对两个木段修复后，经应力波断层成像检测，结果见图 8-9 和图 8-10。泡桐修复后断层图像中非健康材占整个断面的比例由 84% 降低至60%（图 8-9）。聚氨酯修复前与修复后断层图像存在差异，但健康材增加不明显，增加比例明显低于木材无机质修复材料（图 8-10），即木材无机质修复材料修复后的断层图像效果好于聚氨酯，制备的木材无机质修复材料使修复后断层图像显示腐朽程度有所降低，说明修复材料与木材存在连接，修复材料具有一定的修复作用。

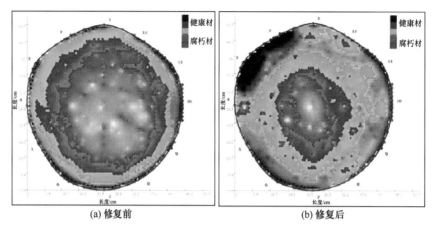

(a) 修复前 (b) 修复后

图 8-9 泡桐木段修复前、后断层图像对比

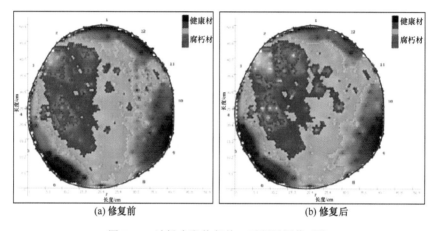

(a) 修复前 (b) 修复后

图 8-10 油松木段修复前、后断层图像对比

目前，我国在古树树干修复中主要用两种材料，一种为传统的水泥和砖填充修复，另一种为聚氨酯填充修复，水泥和砖填充树干存在多种不利结果，如水泥和木材接合差且刚性过大易于损伤树体，而聚氨酯与木材接合存在问题，作为发泡材料填充固化后密度低无法为树体提供支撑，未能起到真正修复作用。本试验制备的木材无机质修复材料用于空洞修复并使用应力波断层成像检测，初步分析修复前和修复后波速及成像变化，应力波传播在修复后断面传播受两种材料间接合、不同介质传播、修复后密实化程度等多因素影响，因此修复材料对断层成像及修复后应力波传播途径影响还需深入研究。

主要参考文献

[1] 席翠玲, 董晓玉, 赵阳. 古树名木养护复壮技术调查研究及意义[J]. 园林绿化, 2015, (9): 153.
[2] 郭文成, 杨辉平, 黄文才. 古树名木保护与病虫害防治技术[J]. 农业灾害研究, 2015, 5(12): 8-9, 12.
[3] 宋涛. 北京市古树名木衰败原因与复壮养护措施[J]. 国家林业局管理干部学院学报, 2008, (2): 57-60.
[4] 王洪波. 浅谈古树名木生长不良的原因和保护措施[J]. 华东森林经理, 2005, (5): 27-29.
[5] 宋立洲, 焦进卫, 高云昆, 等. 香山公园古树、大树树洞调查及修复[J]. 中国城市林业, 2009, 7(1): 54-56.

[6] 李建. 古树复壮修复技术[J]. 林业实用技术, 2008, (8): 49-51.

[7] 向见, 何博, 柏玉平. 古树树洞修复技术探讨[J]. 现代农业科技, 2015, 25: 160, 171.

[8] 刘剑. 浅谈古树名木保护及养护管理[J]. 现代园林, 2008, (7): 88-90.

[9] 程敏, 汤珧华. 上海古树名木的树洞调查、分析与处理[J]. 上海建设科技, 2008, (3): 39-40.

[10] 金嗣营, 汤珧华. 特大树洞修补法[J]. 园林, 2003, (7): 66.

[11] 施海, 张萍, 彭华. 古树树洞修补新技术[J]. 绿化与生活, 2007, (2): 22.

[12] 顾鸣娣. 古树保护措施研究[J]. 上海农业科技, 2015, (1): 112.